国家科技支撑计划项目（2006BAC02A18）资助

城镇光环境与绿色照明

陈亢利　叶　峰　著

中国建筑工业出版社

图书在版编目（CIP）数据

城镇光环境与绿色照明/陈亢利，叶峰著. —北京：中国建筑工业出版社，2010.12
ISBN 978-7-112-12607-1

Ⅰ.①城… Ⅱ.①陈…②叶… Ⅲ.①城镇-照明设计-节能 Ⅳ.①TU113.6

中国版本图书馆 CIP 数据核字（2010）第 205286 号

本书分为上、下两篇共 12 章，上篇为光环境调查与评价，包括城镇光环境与光污染、昼间室外光环境调查、夜间室外光环境、室内光环境、光环境调查问卷、光环境现状问题总结与分析等 6 个章节；下篇为光环境规划与管理，包括光环境功能区划、城市照明专项规划、城市照明节能技术与评价、城市绿色照明及其评价体系、光环境管理、苏州城市照明的专业化管理等 6 个章节，以及附录。

本书可供城市规划、城市管理、环境工程等领域的人员阅读和参考，也可作于高等院校相关专业教学参考。

* * *

责任编辑：蔡华民 王 磊
责任设计：赵明霞
责任校对：马 赛 陈晶晶

城镇光环境与绿色照明
陈亢利 叶 峰 著
*
中国建筑工业出版社出版、发行（北京西郊百万庄）
各地新华书店、建筑书店经销
霸州市顺浩图文科技发展有限公司制版
北京书林印刷有限责任公司印刷
*
开本：787×1092 毫米 1/16 印张：10 字数：245 千字
2010 年 12 月第一版 2010 年 12 月第一次印刷
定价：**26.00** 元
ISBN 978-7-112-12607-1
(19892)

序

光源与照明给人类带来了光文化，照明不仅满足人们生活、工作和安全的需求，还有繁荣社会经济和文化的作用。但是随着城镇化进程的推进，人居环境的改善，光环境问题也日益突出，光污染也正在严重地影响着人们的生产和生活，破坏着人类的生存环境。“绿色照明”自20世纪90年代初提出后，得到了联合国和世界上众多国家的关注，取得了很大的进展。而绿色照明不仅仅是一个节约用电的问题，而是通过科学的照明设计等一系工作，最终实现安全、经济、环保、舒适、文明的光环境，从而提高人们工作、学习、生活质量的现代照明。要实现真正意义的绿色照明，对城镇光环境良好的规划、管理是前提。

中国照明学会的两位高级会员——陈亢利教授和叶峰高级工程师，总结了近年来他们的团队所进行的有关光环境科研和管理的工作，整理出这本《城镇光环境与绿色照明》，其内容包含了若干大、中、小城市光环境现状的调查评价、绿色照明的评价体系、相关节能技术评价以及照明专项规划、光环境功能区划和光环境管理的手段和建议等，内容新颖，具有一定的参考价值；也为其他城市更好地进行光环境规划和管理、实施绿色照明工程、建设生态城市和生态文明提供了可以借鉴的参考样本和方法。相信本书的出版会对我国城镇绿色照明的健康推行，提高照明领域的规划建设水平，建设和谐的光环境起到积极的作用。

中国照明学会理事长 王锦燧

2010年6月于北京

前　言

近年来光环境问题日渐突出，光污染越来越严重地影响着人们的生产和生活，一定程度上加剧了对生态环境的影响。因此，在节能减排、建设和谐社会的背景下，绿色照明、低碳照明的理念和行动日益重要。那么，我国城乡的光环境到底怎样？存在哪些问题？人们的光环境意识如何？相关光环境管理有哪些进展？怎样进行照明节能？如何评价绿色照明？应该怎样更好地进行光环境管理？本书系统总结和梳理了陈亢利和叶峰所在团队近年进行的有关光环境科研和管理的工作，对以上问题做了一定研究和探讨。

本书分上、下两篇：上篇为光环境调查与评价，其内容包含了若干大、中、小城市光环境现状的调查评价、主观问卷调查以及光环境存在问题的总结和分析：下篇章为光环境规划与管理，其内容包含了绿色照明的评价体系、相关节能技术评价以及照明专项规划、光环境功能区划和光环境管理的手段和建议等。本书上篇及第七、十一两章主要阐述了陈亢利所在团队的相关工作，第八、九、十、十二章主要阐述了叶峰所在团队的相关工作。参加过相关课题研究和论文撰写的有：江苏省住建厅城建处俞露，南京市照明管理处郑松、王嘉祥、刘磊实，苏州市照明管理处薛昌、林海阔，无锡市照明管理处赵明、陈大庆，常州城市照明管理处蒋伟、麦伟民，苏州科技学院李新教授，研究生张铭连、孙益松、张玲玲、刘凯、姚兴霞和本科生王琦、王葳、於秋香、周思思、倪芳、王湜、陶蕾、邢蓓燕、薛慧、张成文、唐瑶、周军等。中国照明学会理事长王锦燧研究员为本书作了序，苏州科技学院梅娟老师、研究生姚兴霞、韩婵娟以及5R网的邢蓓燕做了大量文字工作，建工出版社的蔡华民编审、王磊编辑在编写框架和内容选取方面给了许多宝贵的指导意见，在此一并致谢！

鉴于本书涉及范畴较大，限于著者水平，必有疏漏、错误之处，恳请读者不吝指出。本书的出版，意在抛砖引玉，期冀本书能够为城市光环境规划、设计、建设、管理者提供有益参考，成为有关专业大专院校师生以及对城市光环境有兴趣的科技人员和管理人员的阅读参考书籍。愿与同行继续共同努力，为我国城市更好地进行光环境规划和管理、实施绿色照明、建设生态城市和生态文明提供更多更好的参考样本和方法。

作者

2010年10月于苏州江枫园

目 录

下篇　规划与管理

上篇｜调查与评价

第一章　城镇光环境与光污染

第一节　光环境与光污染

一、光环境

光环境是物理环境的一个组成部分，它与色环境等并列。对建筑物来说，光环境是由光照射于其内外空间所形成的环境。因此光环境形成一个系统，包括室外光环境和室内光环境。前者是在室外空间由光照射而形成的环境。它的功能是要满足物理、生理（视觉）、心理、美学、社会（指节能、绿色照明）等方面的要求。后者是在室内空间由光照射而形成的环境。它的功能是要满足物理、生理（视觉）、心理、人体功效学及美学等方面的要求。产生上述照射的光源可以是天然光或人工光。

光环境和空间两者有着互相依赖、相辅相成的关系。空间中有了光，才能发挥视觉功效，能在空间中辨认人和物体的存在；同时光也以空间为依托显现出它的状态、变化（如控光、滤光、调光、混光、封光等）及表现力。另外，在室内空间中光通过材料形成光环境，例如光通过透光、半透光或不透光材料形成相应的光环境。此外，材料表面的颜色、质感、光泽等也会对光环境产生影响。

在光环境中以光为主体产生出下列的效果：

（一）光的方向性效果

在光环境中光的方向性效果主要表现在增强室内空间的可见度，增强或减弱光和阴影的对比，增强或减弱物体的立体感。

光的方向一般有顺光、侧光、逆光、顶光、底光。光由不同的方向可产生不同的效果。顺光是接近于正面照射时的受光状态，能显现出受光物体的主体轮廓。侧光是接近于斜向照射时的受光状态，能使受照物体获得光的对比效果。逆光是逆向照射时的受光状态，能使受光物体获得庄重神秘的效果。顶光是从顶部照射时的受光状态，能使受照物体的上部明亮，下部转暗，甚至产生阴影。底光是从底部照射时的受光状态，能使受照物体下部明亮，上部转暗或产生阴影。

（二）光的造型立体感效果

物体表面受平行光线斜向照射时，便要出现受光部分、不受光部分及由前者转到后者的过渡部分。这种表面受光状态的变化称为明暗变化。物体表面上由于光的明暗变化就会产生光的造型立体感效果，简称立体感。在光环境中室内外表面的细部、浮雕、雕塑等都会出现光的这种效果。

（三）光的表面效果

在室内空间中光在各表面上的亮度分布或有无光泽，构成光的表面效果。

1. 表面亮度

物体的表面亮度，由照射光和表面反射性质决定。室内空间中光在各表面上的反射程度决定了表面与背景之间的亮度比。适当的亮度比能为眼睛提供信息，有利于眼睛适应，使视觉功效与工作行为相互协调，并能降低室内眩光。为了获得良好的室内光环境，顶棚、墙面、门、窗、地面、工作面及工作对象等表面之间应力求获得最佳的亮度比。

2. 表面光泽

在室内空间中光照射到光滑表面时，反射光以与表面法线夹角为入射角方向为轴，分布在一定立体角内。该立体角越小，物体表面越有光泽。同时，一般立体角以外也有较弱的漫反射光。我们人眼能否观察到物体的表面光泽取决于人眼的视线与反射光的方向。室内表面所用的材料包括有光泽和无光泽的。无光泽表面，反射光基本均匀分布在各个方向上。人眼观察时不会有大的明暗变化。

(四) 光的色彩效果

1. 光和色彩

光和色彩属于不可分开的领域，对室内光环境来说，光和色彩起着相辅相成的作用。表面反射光的色彩主要取决于表面材料对不同波长光的反射。光通过它的反射比与色彩的明度有着直接的关系。可见，光的反射比越大，色彩的明度也越大。

2. 色彩效果

在室内光环境中通过光的照射，各种材料的表面会呈现出色彩效果。因此在光环境中光除了获得知觉效果以外，还可获得诸如感情、联想等心理效果。

二、光污染

光污染是由不合理人工光照或者自然光的不恰当反射导致的违背人的生理与心理需求或有损于生理与心理健康，或对生态环境产生负面影响的现象，包括眩光污染、人工白昼、彩光污染等。阳光照射强烈时，城市里建筑物的玻璃幕墙、釉面砖墙、磨光大理石和各种涂料等装饰物上的反射光线，明晃白亮、炫眼夺目（图 1-1）；夜幕降临后，商场、酒店上的广告灯、霓虹灯闪烁夺目，令人眼花缭乱，形同白昼（图 1-2）；舞厅、夜总会安装的黑光灯、旋转灯、荧光灯以及闪烁的彩色光源构成了彩光污染。光污染还可以按照波谱特征分为以下几种。

(一) 可见光污染

1996 年上海出现了第一起因城市建筑物玻璃幕墙反射引起光污染的环保投诉案件，随后各地有关玻璃幕墙的反射光投诉案件不断增多，但是如果把光污染仅仅局限于玻璃幕墙的反射光照层面，那对光污染的定义是不全面的。因为玻璃幕墙产生的反射光不仅使居民的居住休息环境受到影响，它所产生的热量更会使空调的使用时间延长。

但是，由于近年来一些不合理的规划和设计，使得人们的正常生活被打乱，住宅光照时间和受照量受玻璃幕墙和镜面的影响而增加，虽然由此引发的污染纠纷并不多，也应引起有关方面的重视。国家大剧院中心建筑为白色、椭圆形球体，外壳由透明玻璃和银灰色钛金属板构成，在环境影响评价评审中，其光污染问题受到关注。

除了玻璃幕墙造成扰民之外，可见光污染比较多见的是眩光。机动车夜间行驶照明用的车前灯、厂房车间中的不合理的照明布置都会产生眩光。可见光污染危害较大的是电焊

图 1-1　爱沙尼亚首都的一处玻璃幕墙

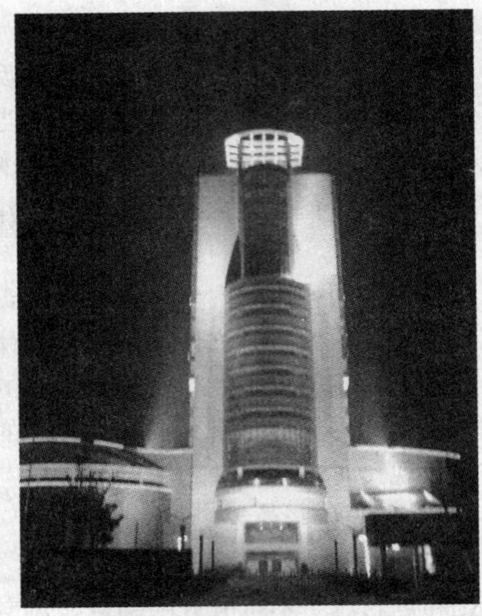

图 1-2　宜兴市的一处夜景照明

时产生的弧光，若不注意防护会使眼睛受到伤害。另外，从事冶炼、熔烧等工作的炉前操作工，也会因熔烧过程中产生的强光致使眼睛受损。不过光污染最严重的当属核武器爆炸时产生的光辐射。

随着科学技术的发展，激光在医学、生物学、环境监测、物理学、化学、天文学以及工业方面的应用日益广泛，由此带来的激光污染也逐渐受到人们的关注。

(二) 红外线污染

红外线近年来在军事、人造卫星、工业、卫生及科研等方面应用较多，因此红外线污染问题也随之产生。红外线是一种热辐射，正如人们至今仍在应用波长较长的红外仪做热透疗法那样，会在人体内产生热量，对人体会造成高温伤害，其症状与烫伤相似，最初是灼痛，然后是造成烧伤。还会对眼底视网膜、角膜、虹膜产生伤害。人的眼睛如果长期暴露于红外线会引起白内障。

(三) 紫外线污染

紫外线最早是应用于消毒以及某些工艺流程，因为紫外线能进入细胞并破坏细胞的重要部分，所以受污染的水可用紫外线照射杀死所含的细菌和病毒。紫外线按波长可分为三种类型，0.32～0.4μm 的波长为紫外 A（UV-A），0.28～0.32μm 为紫外 B（UV-B），0.18～0.28μm 为紫外 C（UV-C），其中紫外 B 段散射辐射所占比例最高达 80%。

过量的紫外线将使人的免疫系统受到抑制，从而导致疾病发病率增加。对人体的主要伤害是 0.25～0.305μm 波长范围，其中 0.288μm 波长的作用最强。

近年来，紫外灯使用较为普遍。但是，由于使用不当，污染事故多有发生。临川市某酒店在有人就餐的情况下开启紫外灯，使 20 位直接位于紫外灯照射的就餐者被照 2 小时左右，最终出现眼痛、流泪、怕光等为主要特征的电光眼性眼炎。宁波市某县一小学借用某幼儿园教室，由于天气阴雨光线暗淡，上课时将两盏波长为 0.2537μm 的紫外杀菌灯和日光灯同时开启，致使 49 名学生和 2 名老师均出现皮肤刺痛、眼睛红肿、流泪等症状，个别学生面部有水疱，角膜红肿。经测定辐射强度为 $90\mu W/cm^2$。某单位 160 余人在某夜总会参加竞赛活动，由于 8 个高压汞灯中有两个灯罩破损，紫外辐射强度分别达到 $16.5\mu W/cm^2$ 和 $9\mu W/cm^2$，使 21 人发病，诊断为急性电光性眼炎和急性电光性皮肤炎。

第二节 城镇光环境调查内容与评价方法

一、光环境调查和评价内容

(一) 光环境客观调查

光环境包括室外光环境和室内光环境，对于城镇光环境的调查也一般分为室内和室外光环境的调查。室外光环境的调查又分为昼间和夜间的光环境调查。光环境调查的内容依据主要存在的光环境问题来设定，如昼间光环境调查，主要是针对玻璃幕墙等强反射墙面产生的光污染。对于夜间室外光环境，主要调查夜间广告灯和标志灯产生的光污染以及城镇不同功能区的环境照度。具体调查内容主要有以下方面，现场调查时可根据实际情况调整调查内容。

1. 室外光环境调查

昼间室外光环境调查的主要内容有：玻璃幕墙等强反射墙面的分布及数量，强反射墙面反射率和反射性墙面影响下的环境照度。

夜间室外光环境调查主要涉及照明设施安装使用情况和光环境照度情况两个方面。

照明设施安装使用情况调查的内容有：道路灯具的灯型、杆高、光源、功率、灯具、间距、布灯方式、照明设施的管理方式等；光环境照度调查的内容有：道路的光环境照度、夜间光线照射到居民住宅窗户的照度等。光环境照度调查涉及的调查和监测指标有：平均照度、最小水平照度、最小垂直照度、照度均匀度等。

夜间室外光环境调查区域包括：主要道路、居住区、商业区、娱乐休闲区、行政区等。

2. 室内光环境调查

对于室内光环境，可从采光和室内照明两方面进行调查，主要对建筑的采光和灯具安装情况，以及自然采光和人工照明两种状态下典型工作面上的照度进行测量。其中，采光测量内容可以依据《采光测量方法》(GB 5699—85) 进行选择；室内照明测量可以依据《照明测量方法》(GB/T 5700—2008) 进行选择。本书所列部分实例早于现在国家新标准颁布的时间，参照的是原标准《室内照明测量方法》(GB 5700—85)。

(1) 日间采光测量

日间采光测量，对于教室和图书馆等环境可以参照《中小学校教室采光和照明卫生标准》(GB 7793—87)，主要测定内容和指标见表 1-1。对于学生宿舍可将其归为起居室，参照《建筑照明设计标准》(GB 50034—2004) 中的测量内容和标准。本书实例中主要测定了学生宿舍作业面的光照条件，也就是学生宿舍桌面的照度。

(2) 室内光照测量

室内光照测量，对于教室和图书馆等环境可以参照《中小学校教室采光和照明卫生标准》(GB 7793—87)，主要测定内容和指标见表 1-1。对于学生宿舍可将其归为起居室，参照《建筑照明设计标准》(GB 50034—2004) 中的测量内容和标准。本书实例中主要测量了日光灯对桌面的照度和同学们所用台灯叠加日光灯对桌面的照度值。

室内光环境调查主要调查内容 **表 1-1**

学校教学楼是否采用南北向的双侧采光	黑板是否采用耐磨材料
教室采用单侧采光时,光线是否自学生座位左侧射人	室内课桌面上采光系数
南外廊北教室时,是否以北向窗为主要采光面	黑板灯是否与黑板垂直安装
室外无遮挡水平面上的扩散光照度	灯具距课桌面的高度
采光材料内外测点照度值及透光系数	教室内桌面平均照度值
室内是否设窗帘避免阳光直接射人	教室课桌面上的平均照度值
玻璃的透光面积地面面积	教室各表面反射系数
玻地面积之比	教室黑板垂直照度值

(二) 光环境意识和态度的调查

对光环境、光污染的调查，还要包括人的生理感受和需求，以及人的心理和美学感受。所以对于光环境的调查评价主要借助于物理测试，同时应辅以光环境主观感受和光干扰情况的实地调查。但就我国目前现实的光环境意识水平，主观调查还是侧重于城镇照明满足照明功能和产生光污染影响等方面的调查。

为了了解人们对光污染的认知程度、受到光污染的影响情况，以及人们对光污染立法的期望和要求，可以针对光污染的现状及人们对光污染的态度等设计调查问卷，通过问卷调查的形式来了解光环境状况，评价光环境质量。问卷调查的主要内容涉及居民对光污染的了解程度，居民对自己居住的小区照明环境满意度，居民对居住小区的照明环境的评价，居民对居住小区照明情况的期望等。

具体问卷调查的设计和实施方法见第五章的内容。

二、光环境调查方法

国家新标准《照明测量方法》(GBT 5700—2008) 中给出了建筑室内照明测量和室外照明测量的具体内容和详细的测量方法，包括测量点的布设和光环境调查的物理测试方法。本书中所列出的实例多在国家新标准颁布前进行，所采用的光环境调查方法主要有以下几个方面。

1. 测量点的布设

在已有的室外照明测量方法仅仅针对道路、广场以及体育场这些具体的室外场所的情况下，对大范围的城市区域室外照明测量参考已有的区域大气和噪声的测量方法再结合光环境自身的特点，主要采取网格布点的方法。

具体测量地点的选择原则：(1) 不在路灯正下方测量，避免道路路灯直接照射产生的影响；(2) 选择较为空旷，光照相对均匀，没有建筑物、树木等物体遮挡的地方测量；(3) 在住宅小区、学校、商业区等场所中测量时，选择两个路灯中间的地方。

对于晚上关闭路灯采取半夜灯的照明方式的情况，应注意设定合适的测量时间。

2. 光环境调查的物理测试方法

按布设的测量点进行光照度测量，光环境的测量仪器主要有以下两种：

(1) 照度计

光环境测量常用的物理测光仪器是光电照度计。最简单的照度计由硒光电池和微电流计构成。硒光电池是把光能转换成电能的光电元件。光生电动势的大小与光电池受光表面光照度有一定的比例关系。如果接上外电路，就会有电流通过，以微安表指示出来，光电流的大小决定于入射光的强弱和回路中的电阻。

(2) 亮度计

测量光环境亮度或光源亮度用的亮度计有两类，一类是遮筒式亮度计，测量面积较大，亮度较高。当被测目标较小或距离较远时，要采用另一类透镜式亮度计来测量其亮度。这类亮度计通常设有目视系统便于测量人员瞄准被测目标。

具体环境照度的测定方法参考《照明测量方法》(GB/T 5700—2008)。

三、光环境质量评价依据和标准

(一) 室外光环境评价标准

1. 道路照明

建设部住宅产业化促进中心于 2006 年发布了《居住区环境景观设计导则》(以下简称《导则》)。该《导则》给出了居住区内道路照明所参考的照度标准（表 1-2)。

居住区内道路照明照度标准值 **表 1-2**

照明分类	适用场所	参考照度(lx)	注意事项
车行照明	居住区主次道路	10～20	①灯具应选用带遮光罩下照明式；②避免强光直射到住户屋内；③光线投射到地面上应均匀
	自行车、汽车场	10～30	
人行照明	步行台阶(小径)	10～20	①避免眩光，采用较低处照明；②光线宜柔和
	园路、草坪	10～50	

2006 年由建设部发布的《城市道路照明设计标准》(CJJ 45—2006)，其中也给出了各类道路照明的平均照度值标准，见表 1-3、表 1-4。

机动车道路照明照度标准值 **表 1-3**

道路级别	道路类型	路面平均照度(lx)	照度均匀度
Ⅰ	快速路、主干路 (含商业中心的道路)	20/30	0.4
Ⅱ	次干路	10/15	0.35
Ⅲ	支路	8/10	0.3

注：1. 表中所列的平均照度仅适用于沥青路面。若系水泥混凝土路面，其平均照度值可相应降低约 30%；
2. 表中对每一级道路平均照度给出了两档标准值，“/”的左侧为低档值，右侧为高档值。

居住区人行道路照明照度标准值 **表 1-4**

夜间行人流量	区　域	路面平均照度(lx)维持值
流量大的道路	居住区	10
流量中的道路	居住区	7.5
流量小的道路	居住区	5

比较表 1-2、表 1-3、表 1-4 中的相关照度值，可以看出《城市道路照明设计标准》对各类道路应参照的平均照度值进行了更加详细的区分，而《导则》所给的车行道路照明和人行道路照明照度值相同，同时就人行照明的照度值而言，《导则》所给的标准值较《城市道路照明设计标准》所给的标准值明显偏大。

按照《CIE 技术报告 136-2000 号出版物：城区照明指南》中的建议，将居住区道路分为集流道路和地方道路两种。集流道路指一个居住区的主要道路，它将所有地方道路与一条或几条干线相连接。CIE标准推荐值，见表1-5。

CIE标准推荐值　　表1-5

道路种类	道路分类	平均照度值(lx)	均匀度 E_{min}/E_{av}
次要道路	住宅区	6	0.25
其他道路	住宅区	4	0.17

2. 居住建筑窗户外表面光照

对于室外环境中的照明对居住建筑影响的调查和评价一般使用窗表面垂直照度这一指标。居住建筑窗户外表面光照可供参考的标准有英国的《降低光污染指南书》以及上海市质量技术监督局于2004年发布的上海市地方标准《城市环境（装饰）照明规范》。两参考标准的具体标准值见表1-6、表1-7。

英国限制窗表面垂直照度标准　　表1-6

时　段	环境区域(lx)			
	E1	E2	E3	E4
熄灯前	2	5	10	25
熄灯后	1	1	5	10

上海市限制窗表面垂直照度标准　　表1-7

	面向小区内侧的住户		面向小区外侧的住户	
	傍晚	23点后	傍晚	23点后
住宅窗户上的垂直照度(lx)	25	4	50	25

根据原建设部关于《节约能源——城市绿色照明示范工程》评价指标（城建［2004］97号）的要求，住宅区内住房的窗户上照度要求应满足表1-8的规定。

住宅建筑控制干扰光的照度规定值　　表1-8

指　标	朝向居住区内侧的住户		朝向居住区外侧的住户	
	23时前	23时后	23时前	23时后
窗户上垂直照度(lx)	10	2	25	4

住房和城乡建设部已经于2008年11月4日批准《城市夜景照明设计规范》（以下简称《规范》）为行业标准，该标准于2009年5月1日起实施。该标准也给出了住宅窗户外表面产生的垂直面照度最大允许值，具体见表1-9。

居住建筑窗户外表面产生的垂直面照度最大允许值　　表1-9

照明技术参数	应用条件	环　境　区　域			
		E1区	E2区	E3区	E4区
垂直面照度(lx)	熄灯时段前	2	5	10	25
	熄灯时段	0	1	2	5

（二）室内光环境评价标准

对室内光环境的评价，教室和图书馆等室内环境可以参照《中小学校教室采光和照明卫生标准》（GB 7793—87），如要求教室黑板应设局部照明灯，并且对桌面的平均垂直照度不应低于200lx。对于学生宿舍可将其归为起居室，参照《建筑照明设计标准》（GB 50034—2004）中的标准要求，如学生宿舍桌面的照度，可以采用其中起居室书写、阅读标准值300lx。

在《建筑照明设计标准》（GB 50034—2004）中对普通办公室、会议室光环境的室内环境桌面照度做了等级划分，并给出了等级划分的标准（见表1-10）。由于我国对室内日照采光还没有相应的等级划分方法和标准，本书部分实例借鉴国际相关方法，给出了建议的日间采光的等级划分方法和标准。

普通办公室、会议室光环境评价分级表　　　　**表 1-10**

固定考察指标	评分	60分	80分	100分
	工作面平均照度	＞300lx	＞400lx	＞500lx
	照度均匀度	＞0.7	＞0.8	＞0.9

对于调查测量结果没有直接参照标准的，本书实例查阅和采用了我国已有的一系列与室内光环境相关的规范与标准。主要有建筑物的设计中有关室内照明的标准，包括《全国绿色生态住宅小区建设要点与技术导则（试行）》、《居住区环境景观设计导则（试行稿）》、《环保型人居工程评估导则（试行）》、《住宅建筑规范》（GB 50368—2005）、《建筑采光设计标准》（GB/T 50033—2001）、《建筑照明设计标准》（GB 50034—2004）、《健康住宅建设技术要点》、《中小学校建筑设计规范》（GBJ 99—86）、《中小学教室照明采光和照明卫生标准》（GB 7793—83）、《室内工作照明标准（草案）》等。

第二章　昼间室外光环境调查

第一节　昼间室外光污染

城市空间被大量的建筑充斥着，建筑表面极大地影响和决定着城市外部空间的形态特征。在建筑表面造型设计时，往往更多地考虑建筑本身的视觉效果和材料的适用性，而忽视了建筑表面材料对城市光环境的影响。玻璃幕墙由于具有轻便、美观、耐震、通透度高、施工迅速等优点，在现代城市的建设中被广泛使用。玻璃幕墙大约于20世纪80年代传入我国，因其技术过关，安全系数高，自然而然地成为众多建筑设计师和开发商的首选，也成为现代高层建筑时代的显著特征。

但是城市中大面积采用玻璃幕墙造成了严重的光污染，给人们的生活和健康造成了不良影响。玻璃幕墙产生的光污染主要指高层建筑的幕墙上采用了镀膜镜面玻璃，当直射太阳光照射其表面时，由于玻璃的镜面反射而产生的反射眩光对周围环境产生的不利影响。高层建筑装上镀膜玻璃后，反光率极高，刺眼的光束足以破坏人眼视网膜上的感光细胞，影响人的视力，也容易灼伤人的皮肤，造成城市严重的光污染。医学研究发现，人们长期生活或工作在过量或不协调的光辐射下，会出现头晕目眩、失眠、视力减退、食欲不振、心悸和情绪低落等神经衰弱症状，严重影响正常生活节律和工作效率，诱发各种疾病和事故。

由玻璃幕墙引发的光污染事件，在我国频频出现。济南市某小区的一户居民，因住处附近大厦的玻璃幕墙和楼顶的金属装饰球的发射光从窗户直接射进屋内，导致室内温度过高，影响了家人的生活，加重了家人高血压、心脏病的病情。较强的玻璃幕墙反光还会严重干扰司机的视线，甚至造成交通事故，如有时玻璃幕墙反光使司机什么也看不见，没法判断前面的情况，只好刹车，但这样急刹车又容易引起追尾。

除了玻璃幕墙，金属幕墙、釉面砖墙、磨光大理石和各种亮光涂料面层在阳光或人工高发光体照射下也会产生的强烈反射光线，产生光污染。

第二节　昼间室外光环境调查实例

玻璃幕墙等强反射墙面在当今的城镇建设中被广泛应用，它已成为城镇中一道亮丽的风景。但由其产生的光污染也正在影响着人们的生活、工作、健康、安全等。我们选取城市化程度较高的苏南地区部分城市和乡镇对强反射墙面和玻璃幕墙等产生的光污染进行了实地调查。玻璃幕墙和强反射墙面的调查和评价主要涉及玻璃幕墙以及强反射墙面的分布，墙面类型和面积、墙面反射率，反射性墙面影响下的环境照度测量等方面。调查地点包括苏州市区、吴江市黎里镇、昆山市巴城镇、宜兴市宜城镇、连云港市青口镇等。

一、苏州市区

苏州是著名的历史文化名城和风景旅游城市，位于江苏省东南，东连上海，南邻浙江，西濒太湖，北枕长江，沪宁铁路横亘东西，京杭运河贯穿南北。苏州共辖7个市辖区（金阊区、沧浪区、平江区、高新区、吴中区、相城区、工业园区），2009年1月市区户籍人口240.21万人。2008年苏州的国内生产总值为6701亿元人民币，经济总量居中国内地第5位、华东地区第二位（仅次于上海）。经济的快速增长，也带来了相应的环境问题，光污染问题也日益严重。

苏州市区昼间室外光环调查时间为2006年6月。

（一）玻璃幕墙及其他强反射墙面的调查

调查选择苏州古城区、高新区、工业园区玻璃幕墙应用较为广泛的路段进行，顺着所选道路依次清点，记录道路名称、强反射墙面的类型、楼高，调查结果统计如表2-1。

玻璃幕墙数量统计（单位：处） **表 2-1**

种类 \ 调查地点		狮山路	三香路	人民路	石路步行街	苏绣路	中新路	干将东路	干将西路
玻璃幕墙	高层	12	2	0	5	6	1	0	0
	低层	13	10	11	11	1	3	3	7
镀金属膜墙	高层	2	1	0	5	8	2	0	5
	低层	9	20	23	30	3	12	24	28

注：其中，人民路是指人民路在道前街与白塔西路之间路段；高于10层划为高层。

根据调查结果，苏州市区的玻璃幕墙问题，主要出现在工业园区和高新区，而且以高于十层的高楼为主。工业园区的苏绣路上几乎都是高层。而高新区的狮山路上是高层低层各半，但高层的面积要大得多。而金阊区、沧浪区和平江区这老三区，主要以低层建筑为主，玻璃幕墙以石路步行街和市中心人民路为主。在颜色上，玻璃幕墙以蓝绿色系和灰色系为多；而镀膜金属墙中，却以银白银灰色系和灰黑色系为多。

在实际调查中发现，各大银行与高层商厦、餐饮娱乐场所采用玻璃幕墙的较为普遍，如高新区的中国农业银行、中国人民银行、金河国际大厦、城市之光大酒店，工业园区的中国银行、中国民生银行、中国农业银行等，而石路步行街的各大商厦更是广泛应用了玻璃幕墙。

（二）昼间反射性墙面影响下的环境照度测量

使用仪器：数位式照度计 TES—1332A。

调查方法：对于自然光，以苏州市区交通道路为例，针对道路两侧高层建筑的玻璃幕墙，测量经过反射面附近的光照度（水平照度、垂直照度）以及其他有关参数（时间、温度、天气状况等）。

晴天条件下光照度主要受大气能见度和太阳高度角影响。因为短的日期间隔内，同一时间段内太阳高度角变化较小，并且我们选择的是晴天测量，所以忽略太阳高度角对光照度的影响。对所测数据进行分类整理得到了表2-2。

根据调查结果，应用玻璃幕墙的建筑中，高层建筑要比低层建筑对附近照度影响大一些。孙武子桥附近几十米距离内没有玻璃幕墙影响，平均照度明显比玻璃幕墙建筑附近照

昼间强反射墙面附近的环境照度 表 2-2

测量地点		选点位置	水平照度(×100lx)		
			平均照度	最小照度	照度均匀度
中国民生银行		苏绣路	900	800	0.889
中国建设银行		星海街	1019	830	0.815
城市之光大酒店		滨河路	946	840	0.888
金河国际大厦		狮山路滨河路口	960	780	0.813
石路国际商城		石路步行街	867	700	0.807
石路亚细亚商厦		石路步行街	838	725	0.865
上海浦发银行		狮山路	882	835	0.947
SND 行政服务中心		运河路	920	892	0.970
孙武子桥		滨河路	838	810	0.967
苏科大	(日照下)	校园主干道	686	654	0.953
	(树荫下)	校园主干道	138	110	0.797

度低得多，银白色与金黄色玻幕相间的石路亚细亚商厦测得的照度与孙武子桥相同。八处测点比孙武子桥的照度平均高出近 8000lx，这说明了玻璃幕墙对附近地面环境照度有明显的影响。

苏州科技学院江枫校区的测量是在江枫桥与二道门之间的道路上进行，即测点 2、测点 3。与孙武子桥（测点 1）相比，测点 2 的照度低 15200lx，分析其原因，主要是测点 2 的道路两边种植有繁茂的树木，虽然也是阳光直射，但路面照度较小；其二，两处的路面差异可能存在影响。测点 3 比测点 2 照度低得多，前者的照度只有后者的 1/5，在浓密树荫遮挡下，照射到地面的照度相应降低。当然，路面情况不同、测量时间不同也可能对结果存在一定影响。由此可见，在建筑物周围道路附近植树可以有效降低光照，而且能够降低行人视线方向的散射光照度。

二、吴江市黎里镇

黎里镇位于江苏省吴江市东部，2006 年调查时全镇总面积 59.34km^2，辖 19 个行政村和 3 个社区，是一个典型的江南文化古镇，镇内古老民宅面水而筑，各式石桥横卧河上，堪称小桥流水人家。黎里气候宜人，土地肥沃，水资源丰富。传统农业以稻麦、油菜生产为主，种植面积 17000 余亩。通过农业产业结构调整，种养业规模不断扩大，以虾类为主的水产养殖面积已有 2550 亩，花卉苗木等经济作物的种植面积已达 1153 亩，种养收入已占到农业总收入的 71.5%。古镇拥有 34 处重要人文景观。吴江市黎里镇昼间室外光环境调查时间为 2006 年 9 月 22～23 日。

（一）昼间强反射墙面的数量调查

黎里镇区玻璃幕墙分布见表 2-3。强反射墙面主要存在黎里南路，多分布在道路西侧，而且以白瓷片墙面为主，玻璃幕墙较少，该路两侧的建筑多为 3 层。浒泾北路的中国建设银行为 5 层建筑，白瓷片墙面。

昼间玻璃幕墙数量统计　　表 2-3

调 查 地 点	墙 面 类 型	与马路相对位置(m)	墙面面积(m^2)
黎里宾馆	白瓷片	黎民南路路西 10	100
黎锋村委会	白瓷片	黎民南路路西 10	150
联华超市	镀金属膜墙	黎里北路路西 10	150
交通巡逻警察大队	白瓷片	黎民南路路西 15	50
交通巡逻警察大队	玻璃幕墙	黎民南路路西 15	30
中国建设银行	白瓷片	浒泾北路路西 5	100
中国农业银行	玻璃幕墙	浒泾北路路西 5	30
中国农业银行	镀金属膜墙	浒泾北路路西 5	30

（二）昼间强反射墙面的反射率调查

反射率测量：将照度计接收器紧贴被测表面的某一位置，测其入射照度．然后将接收器感光面对准同一被测表面的原来位置，逐渐平移开墙面，待照度稳定后，读取反射照度。取接收器距墙面 30cm 时的反射照度。每个被测表面取 3 个点，求得反射率平均值，见表 2-4。

强反射墙面反射率　　表 2-4

测量地点	墙面类型	入射照度（×100lx）	反射照度（×100lx）	反射率	平均反射率
黎里宾馆	白瓷片	776	258	0.333	0.384
		767	347	0.452	
		804	295	0.367	
黎里宾馆	玻璃	735	232	0.316	0.317
		722	210	0.291	
		306	105	0.343	
黎里南路	涂料 & 碎石	395	225	0.570	0.576
		657	384	0.585	
		288	165	0.573	
联华超市	镀金属膜	771	276	0.358	0.362
		783	283	0.361	
		773	284	0.367	

黎里镇对高反射墙面的应用较少，建筑高度多在 3 层及 3 层以下。白瓷片应用较多，尤其是在黎里南路的路西侧，大多是白瓷片。根据监测结果，白瓷片的反射率也不低，为 0.38；涂料和碎石墙面为 0.576。但在白瓷片建筑与道路之间，种植了树木，虽然有阳光直射，反射光对行人的影响也较小。

三、昆山市巴城镇

昆山市巴城镇位于阳澄湖东岸，北临常熟，水陆交通极为便利。巴城镇是一个具有数千年历史的文化古镇，传说春秋吴越相争时期，吴王夫差为防越国进攻，在姑苏城周围筑 12 个小城，巴城为 12 个小城之尾，巴城为阳澄湖、巴城湖、鳗鲤湖、傀儡湖、雉城湖 5 湖相抱，境内大小河道纵横交错，处处小桥流水，景色十分秀丽。虞山积雪、石轴行云、阳城烟雨、笠浦风帆、湖亭月色、禅寺钟声、芦滩落雁等为著名的巴城景点，令广大游客叹为观止。镇区以清代一条街“一线天”与现代化建筑遥遥相对，可谓物华天宝，人杰地灵。该调查的时间为 2006 年 12 月。

（一）昼间强反射墙面的调查

巴城镇的玻璃幕墙主要分布在湖亭路、景城路、新澄路三条主要干道的两侧，其具体分布情况见表 2-5。

昼间玻璃幕墙情况统计　　表 2-5

调查地点	墙面类型	与马路相对位置(m)	墙面面积(m^2)
福万家购物中心	蓝色玻璃幕墙	湖亭路路北 15	100
慈宁门诊部	蓝色玻璃幕墙	湖亭路路北 15	30
中国人保保险公司	蓝色玻璃幕墙	湖亭路路南 10	35
中国电信	绿色玻璃幕墙	湖亭路路北 10	18
巴城镇供电所	蓝色玻璃幕墙	湖亭路路北 10	10
巴城镇镇政府	蓝色玻璃幕墙	新澄路路北 15	50
地方税务局	蓝色玻璃幕墙	新澄路路南 10	75
巴城镇派出所	蓝色玻璃幕墙	湖亭路路南 30	120
巴城镇工商局	蓝色玻璃幕墙	湖亭路路北 10	50
新华书店	绿色玻璃幕墙	景城路东 5	30

（二）昼间强反射墙面的反射率调查

反射率测量方法：将照度计接收器紧贴被测表面的某一位置，测其入射照度．然后将接收器感光面对准同一被测表面的原来位置，逐渐平移开墙面，待照度稳定后，读取反射照度。取接收器距墙面 30cm 时的反射照度。每个被测表面取 3 个点，求得反射率平均值。主要的玻璃幕墙墙面反射率见表 2-6。

强反射墙面反射率　　表 2-6

测量地点	墙面类型	入射照度(100lx)	反射照度(100lx)	反射率	平均反射率
福万家购物中心	蓝色玻璃幕墙	450	267	0.593	0.496
		492	220	0.447	
		501	225	0.449	
中国电信	蓝色玻璃幕墙	445	168	0.378	0.399
		403	168	0.417	
		434	174	0.401	
慈宁门诊部	蓝色玻璃幕墙	483	187	0.387	0.395
		400	162	0.405	
		438	172	0.393	
巴城镇供电所	蓝色玻璃幕墙	440	165	0.375	0.378
		438	160	0.365	
		415	163	0.393	

巴城镇的强反射墙面主要分布在湖亭路、景城路、新澄路三条主要干道的两侧，并且全是蓝色或绿色的玻璃幕墙。根据实地监测的结果，这些玻璃幕墙的平均反射率都在40%左右，超过了《玻璃幕墙光学性能》（GB/T 18091—2000）中要求玻璃幕墙的反射率应小于 30% 的标准。当发生阳光直射，行人从这些玻璃幕墙所在的建筑物经过时，可以明显感受到刺眼的阳光。然而，在建筑物与道路之间都种植有树木，所以这些反射的太阳光不会对过往的车辆产生太大的影响。恰当的绿化是防止光污染（及连带的热污染）的有效措施。

四、宜兴市宜城镇

宜兴市宜城镇自古以来一直是宜兴政治、经济、文化中心，也是宜兴对外开放的重要窗口，为宜兴市委、市政府所在地。和其他很多城市一样，宜兴市对大气、水和噪声的污染控制非常重视，对光污染的防治却没有相应的措施和法规。该调查时间为 2004 年。

出租车司机对道路行驶状况的了解比较多，因此对司机的调查可以比较全面地了解到玻璃幕墙和其他高反射墙面产生的光污染的情况。调查采用的士电台在各个时段对不同地区的若干出租车司机进行调查，结果如表 2-7。

玻璃幕墙和其他高反射墙面的光污染情况　　表 2-7

时间 / 眩光程度 / 地　点	9：00～11：00	12：00～14：00	15：00～17：00
交通银行大厦	可接受	无感觉	可接受
宜兴市经贸大楼	可接受	无感觉	不舒适
宜兴市工会大楼	可接受	无感觉	稍不舒适
国际酒店	可接受	轻微感觉	可接受
广电大楼	可接受	轻微感觉	稍不舒适
华地广场	刚感觉	无感觉	可接受
名仕家园	刚感觉	无感觉	可接受

可以看出，当太阳高度角比较小的时候，玻璃幕墙和其他高反射墙面的反光情况比较严重，而反射面对道路上司机的影响比较大。

宜兴市市区存在多处玻璃幕墙，对道路上的车辆和行人产生很多不利的影响。比如宜兴市经贸大楼的玻璃幕墙的影响特别大，它矗立于东山西路和岳堤路的十字路口，当太阳高度角比较大的时候，玻璃幕墙的反射光对经过这个路口的车辆以及行人产生了不利影响，使人的视觉产生了眩光，多次几乎引发交通事故。

五、连云港市青口镇

青口镇是江苏省连云港市赣榆县政治、经济、文化中心，国家首批沿海开放镇。青口镇东临黄海，北靠齐鲁，西衔沂蒙，南接连云港市区，全镇行政区域面积 92.8km^2。作为全国千强镇，青口镇近年经济社会各项事业发展很好。高反射性墙面数据统计，见表 2-8 和表 2-9。该调查的时间为 2008 年 5 月 2～9 日。

高反射性墙面数据统计　　表 2-8

墙面质地类型	墙面估算面积(m^2)	调查路段名称	备 注
玻璃幕墙	1000	华中路	13 处
	370	东关路	3 处
	200	黄海路	4 处
	630	环城南路	5 处
	130	海城路	1 处
白瓷砖(片)	660	华中路	6 处
	120	镇海路	1 处
磨光大理石	450	华中路	12 处
	350	黄海路	4 处

续表

墙面质地类型	墙面估算面积(m²)	调查路段名称	备 注
强反光性涂料	400	华中路(中段)	中国电信大楼
	200	华中路(南段)	怡发大酒店
釉面砖墙	50	华中路(中段)	文峰服饰
	60	黄海路(中段)	五星电器

高反射墙面反射率 **表 2-9**

墙面质地类型	测量地点	实测反射率	平均反射率
玻璃幕墙	县国土资源局大楼	0.53	0.46
	KFC 华中路店	0.45	
	县第一人民医院门诊大楼	0.35	
	县公安局大楼	0.44	
	新世纪大酒店	0.55	
白瓷砖(片)	县第二人民医院	0.38	0.35
	教育局大楼	0.32	
磨光大理石	中国电信大楼	0.45	0.32
	国家电网	0.27	
	上海老凤祥银楼	0.34	
	海澜之家	0.22	
釉面砖墙	五星电器	0.36	0.35
	文峰服饰	0.33	
强反光性涂料	怡发大酒店	0.66	0.66

青口镇区建筑应用玻璃幕墙、磨光大理石及白瓷砖（片）较多，尤其是玻璃幕墙应用达 2300 余平方米（26 处）；而强反射性涂料和玻璃幕墙的平均反射率为高，分别高达 0.66 和 0.46，磨光大理石、白瓷砖（片）及釉面砖墙的平均反射率为 0.32～0.35。而调查的结果显示，青口镇反射率较高的强反射性涂料和玻璃幕墙使用比例要高于磨光大理石、白瓷砖（片）及釉面砖墙等反射率低的材料。

青口镇昼间存在不具普遍性的高反射墙面反光现象，应得到建设部门的重视及限制。在项目建设上做到事前合理规划，事后加强管理。限制在居民区、公共休闲区、道路交汇口及道路交通枢纽附近建设带有强反射墙面的建筑。对已有的带来光污染的玻璃幕墙、釉面高反射砖墙、高反射涂料等建筑，采取技术性光遮挡措施或更换墙面材料，例如利用树木遮挡来限制光污染的程度；粉刷墙体时用浅色涂料（米黄、浅蓝等色彩），代替较为刺眼、容易带来光害的白色涂料。

第三章　夜间室外光环境

第一节　功能性照明与装饰性照明

城市室外夜间照明可分为功能性照明与装饰性照明两种类型，其中功能性照明不仅包括保护人们在室外环境中不受到意外伤害的安全照明系统，还包括满足人们在室外空间从事各种活动所需要的基本照度要求的功能照明，具体有集会广场、休闲园地、户外文化体育娱乐设施的照明，只在需要进行某个特定活动时才开启。装饰性照明是室外夜间光环境创造中最重要的照明手段。通常采用多种照明方式相结合来达到理想的设计效果。它主要包括历史文物、新兴建筑、城市标志、商业中心、风景园林等的照明。装饰性照明建设是城市发展的需要，夜景照明在改善人类生活环境的同时，提升了城市夜间形象，提高了城市的知名度，也促进了城市商业和旅游业的发展。按照明范围、对象、不同功能和性质，城市的夜间景观照明有公共广场、建筑、园林绿地、景观雕塑、桥梁以及道路、水景等的装饰性照明。

我国自20世纪90年代以来，城市夜景照明进入了快速发展时期，并不断取得新进展和新成果。安全、舒适的光环境，能创造良好的工作、生活场所，丰富人们的文化生活。但在近年迅速发展的城市夜景照明工程中，其对于城市环境的影响，特别是对于环境主体人的负面作用日渐突出。一些城市在“亮化工程”、“光彩工程”、“光亮工程”和“形象工程”等口号下，过分地强调了“亮”和“光”的地位，在夜景规划中各城市间追求和攀比高亮度，造成能源浪费，违背人类自身的生存和发展规律，不利于市民心理和生理的健康发展。我国在城市室外夜间照明建设过程中主要存在以下几个问题。

一、道路照明

道路照明是功能性照明的主要组成部分，同时道路也是城市景观的重要载体。在一些宽阔道路，除了有机动车道、非机动车道及人行道外，两侧（或中间）还有行道树或花坛、灌木丛等，甚至还有花园，园中设有雕塑、喷水池等等。如果是街道，沿街还有建筑物、广告牌、站牌等等。过去，一般只对机动车道、非机动车道及人行道实施照明，而在城市高速发展的今天，除了提高和改善道路的行车部分的照明质量外，在一些道路上还要对道路两旁绿化、道路其他附属设施、两旁的建筑物进行照明。

不少人包括专业照明工作者将道路照明纳入夜景照明范畴，但这两种照明有很大区别；道路功能性照明主要是照亮路面，为机动车驾驶员创造良好的视看环境，使车辆安全、舒适、快速行驶成为可能。道路装饰性照明则是照明树木、花草和景观，主要是为美化城市夜间环境，供行人和骑车人观赏，烘托气氛。两者照明要求不同，因而评价指标也不同。机动车道的功能性照明要求有一定的平均亮度、亮度均匀度、比较严格的眩光控制和良好的光学和视觉诱导性，要执行严格的数量和质量标准。而装饰性照明除了要有一定的亮度水平、立体感、配色的要求外，可以说都是心理指标而且都不是硬指标，往往不同人评价差别也很大。这两种照明相互渗透相互影响，功能性照明可以起到一定的装饰照明作用，而装饰照明也可以起到一定的功能性照明作用，不可能截然分开。

二、居住区照明

随着经济的迅速发展，城市化进程的加快，我国城市住宅小区快速发展，居住区的室外环境越来越受到人们的关注。居住区的夜间光环境作为居住区室外环境中的重要组成部分，直接影响居民的居住舒适及生理与心理健康。同时，人们对小区的周围环境和内部规划的关注与追求，使得规划和设计的内容也在不断扩展和延伸。光的巨大艺术感染力，无疑使得光文化和光技术与小区的建设同步发展。但是目前在住宅小区环境照明设计方面，存在“百区一面”，缺乏对照明品质的理解，不注重环保，忽视安全等诸多问题，应该引起广大设计人员的关注。

三、商业区照明

随着我国城市居民的生活品质不断提高，作为人们的重要活动场所，商业街区的“亮化工程”快速发展。在城市建设中，要根据城市色彩总体规划，控制一个街区、景区直至一个建筑物的色彩。对于不同性质的建筑物或场地，要求具有合理的色彩，在城市区域灯光环境的规划和设计中，灯光色彩的运用也要与区域的功能要求相吻合。在繁华商业街，商业楼的色彩要丰富，立面照明要高明度，广告和灯饰，明度和彩度要高，营造热闹、繁华、活跃的商业气氛，提升人们的购物欲望。标牌和广告可以使用多种艳丽色彩并加以变化，用彩色灯光创造活力四射、欣欣向荣的夜间灯光环境。

商业街区“亮化工程”发展的同时也带来一些光环境方面的问题。投光照明广告、灯箱广告以及霓虹灯广告应用广泛，尤其是动态的霓虹灯，闪烁不定，令人眼花缭乱。商业区霓虹灯数量较多，彩光污染较为严重。投光照明的大量应用，尤其是在墙面反光率较低的建筑物或玻璃幕墙建筑上大量采用投光照明，不仅达不到好的照明效果，还会导致光污染，也浪费电能。

四、广场照明

休闲广场是市民平时休息娱乐和锻炼身体的地方，如果环境太过昏暗，刚从较亮街区进入休闲广场的市民，可能因为眼睛无法适应强烈的光照亮度的对比而忽略周围的环境，以致产生踏空阶梯导致摔跤或者没有注意到暗处而发生危险性事故，存在着比较大的安全隐患。应根据《城市夜景照明设计规范》（JGJ/T 163—2008）的要求，保证相关区域以及出入口的最低照度（安全照度）要求。

广场内往往有大片的休息绿地，较低的照明强度有利于创造放松愉悦的氛围，使市民身处其中时可以没有压力，全身心放松。但是很多城市广场贪大求洋，相互比亮，追求豪华，造成光污染；有些广场照明因其路口处设置的高杆灯照明高度较高，亮度较大，给沿街住户的正常生活造成了一定影响；有些广场夜间光环境的设计缺乏专业化，饰灯是灯具和色彩的简单堆砌，只强调亮度与花哨，采用泛光照明。广场照明存在的这些不足都需要参照有关标准进行改进。

第二节　夜间室外光环境调查实例

针对我国城镇在夜间照明建设发展中出现的问题，我们选取了部分城市进行实地调查。调查和评价主要涉及夜间光污染源的调查包括夜间广告灯、标志灯的分布和数量，不同功能区的夜间环境照度，夜间道路照度，路灯照射在居民窗户上的照度，小区内光环境的调查等。调查地点包括苏州市、郑州市、无锡市、滁州市、江阴市、吴江市黎里镇、昆山市巴城镇等，调查涉及商业区、行政区、居民区、道路等各个有代表性的区域。由于调查时间跨度较大，早期的调查参照《室外照明测量方法》（GB/T 15240—1994），在国家新标准《照明测量方法》（GBT 5700—2008）颁布后调查参照新标准进行。

一、苏州市区

（一）夜间广告灯、标志灯的调查

调查按照选定的调查对象记录各道路名称，顺着道路依次清点，分别记录投光照明广告、霓虹灯广告、灯箱广告、显示屏广告和景标、功能标的数量，调查结果统计如表3-1。调查时间为 2006 年 6 月份。

夜间广告和标志灯数统计　　表 3-1

照明种类 / 调查地点	广告部分(包括店名)					标志部分			
	投光照明	霓虹灯		灯箱广告	显示屏广告	投光照明	内透光	显示屏	无照明
		静态	动态						
石路步行街	27	31	23	49	1	1	3	0	1
观前街	32	57	30	190	0	2	4	0	5
人民路	47	55	17	75	1	0	0	0	57
狮山路	20	23	22	56	1	1	0	0	22
三香路	11	30	23	73	4	0	2	0	93
干将西路	13	27	23	274	0	0	0	1	115
何山路	12	14	7	53	0	0	1	0	42
滨河路	13	7	9	44	0	0	0	0	42
西环	1	2	2	6	0	0	0	3	42

注：标志部分包括功能标和景观标。

夜间广告和标志照明的形式种类很多：在石路步行街、观前街等商业街以及主干道路上，灯箱广告极多；静态、动态的霓虹灯数量也很大；透光照明也不在少数，显示屏广告也不断兴起；与广告照明相比，景观标、功能标等标志照明相对较少，其中无照明的功能标为多。

由庞大的霓虹灯数量可见，苏州市区的彩光污染较为严重。而在墙面反光率较低的建筑物或玻璃幕墙建筑上大量采用投光照明，不仅达不到好的照明效果，还会导致光污染，并浪费电能。

（二）夜间光环境照度测量

1. 布点与测量方法

所选各区域按照其实际功能分为商业区、行政区、居住区、道路等夜间需要照明的地

点，能大致反映苏州主要的夜间照明状况。各个区域的测量点尽量选在该区域的中心或行人最多的位置，测量水平照度，并计算平均水平照度、照度均匀度。

按照原《室外照明测量方法》（GB/T 15240—94），水平照度测量高度为地面，在所选测量地点范围内进行网格布点，采用中心法测量。具体为：

（1）商业区、行政区、居住区等测量水平照度，选择场地的典型区域或整个场地进行照度测量，对于完全对称布置照明装置的规则场地，可只测量1/2或1/4场地。根据实际情况，将场地划分为正方形，然后在网格中心点进行照度测量；

（2）道路照度测量的路段范围为：

在道路纵向应为同一侧两根灯杆之间的区域；在道路横向，当灯具采用单侧布灯时，应为整条路宽；对称布灯、中心布灯和双侧交错布灯时，取1/2路宽。

（3）测量的布点方法：

将测量路段划分为若干个大小相等的矩形网格，沿道路纵向将间距10等分，在道路横向将每条车道二等分或三等分。在所选测量地点范围内，根据实际情况，进行网格布点，采用中心法测量。

2. 测量结果统计

调查测量结果统计见表3-2。

各功能区夜间环境照度　　　　**表3-2**

测量区域性质	测量区域位置	水平照度(lx)		
		平均	最小	均匀度
休闲区	金鸡湖畔	17.7	2.5	0.141
	苏州乐园	13.5	5.5	0.407
	三香公园	4.8	1.9	0.396
	苏州公园	4.5	1.2	0.267
商业区	石路步行街	229	97	0.424
	石路银河广场	225	189	0.840
	观前街西入口	67.7	46.0	0.679
	观前街	58.9	43.6	0.740
行政区	苏州会议中心	13.1	8.1	0.628
	苏州市政府	11.8	6.0	0.508
	沧浪区人民政府	91.2	67.2	0.737
居住区	今日家园	4.8	1.0	0.208
	时代花园	5.0	2.2	0.440
	三元三村	6.9	0.8	0.116
	南环新村	2.5	1.0	0.400
道路	苏绣路	58.0	43.8	0.755
	南环东路	33.0	16.3	0.494
	何山路	13.2	2.5	0.189
	环山路	7.5	0.2	0.027

注：由于客观原因，除环山路测量位置为机动车道外，其他均为自行车道

参照上海市《城市环境（装饰）照明规范》，公共活动区人行道、自行车道的最小水平照度为2lx，照度均匀度最小为0.25，所测道路照度均超过最小限制，但照度均匀度差别很大，环山路（原铁师路）照度不均主要是由路两侧树木遮挡造成的。对于工业园区的苏绣路，自行车道的平均照度都达到58lx，灯间距较小，而道路两侧树木稀少或树龄小，

使得均匀度很高，主观上感觉太亮。规范中规定，购物中心和商业区广场地面的平均水平照度不得小于 20lx，均匀度为 0.1～0.3。实际监测的数据均远大于该规定。

根据调查结果，苏州市区霓虹灯的数量较多，由此产生的彩光污染较为严重，同时不同功能区的夜间环境照度普遍偏高，部分区域的照度不均匀。

二、苏州市吴中区

调查在苏州市吴中区的娱乐休闲区、商业区、居住区及主要道路中，各选取了具有代表性的区域或道路作为测量对象。娱乐休闲区测点：澹台湖公园；商业区测点：吴中商城；居住区测点：龙港新村、盛丰苑、嘉宝花园；主要道路测点：宝带西路、盘蠡路、东吴北路、太湖西路、吴中东路。调查时间为 2009 年 5 月。

（一）夜间广告与标志灯

东吴北路是老城区至吴中区的主要交通干道，也是吴中区商业等重要道路景观集中的区域，道路两旁的店铺较多，道路上的两条绿化带中设有整齐的内透光广告灯箱，道路两边的墙面设有多个大幅的外投光广告。盘蠡路两侧居住区较多，店铺以小型居多。宝带西路道路两边店铺较少，以居住小区为主，部分路段还在建设中。吴中区的商业街区内广告牌杂乱无章，霓虹灯较多，令人眼花缭乱。

宝带西路的广告标志等大部分集中在道路的东半段，相对其他道路广告标志等的分布密度，该道路的广告标志较多，尤其是外投光照明及霓虹灯（表 3-3）。

夜间广告与标志灯数量统计　　表 3-3

道路名称	内透光灯箱	外投光广告	霓虹灯	字体广告	线性灯饰	显示屏	标志照明
东吴北路	229	32	6	54	1	1	
盘蠡路	76	14	1	24			
宝带西路	42	22	11	51	2		1
太湖西路	25	1	7	6			
吴中东路	23	9	2	15	1		
商业街	18	15	25	15	1		

（二）夜间不同区域的环境照度及亮度

根据夜间环境照度和亮度的测量结果，分别计算平均照度和照度均匀度、平均亮度和亮度均匀度，统计结果如表 3-4 所示。

夜间不同区域的环境照度　　表 3-4

测量区域性质	测量区域位置	水平照度		
		平均值 E(lx)	最小值 E(lx)	均匀度
娱乐休闲区	澹台湖公园	0.4	0.3	0.750
商业区	吴中商城	24.5	10	0.408
居住区	龙港村	4.29	0.8	0.186
	盛丰苑	20.63	3.3	0.160
	嘉宝花园	2.41	0.6	0.249
道路	盘蠡路	24.7	11.3	0.457
	东吴北路	16.4	4.6	0.280
	宝带西路	6.2	2.3	0.371
	太湖西路	8.9	2.7	0.303
	吴中东路	16.8	2.8	0.167

澹台湖公园与儿童公园分别位于东吴塔的东南和西南面，均紧邻澹台湖，两个公园内均无照明设施。吴中区的商业街是机动车和人混用的道路，照明基本符合 CIE《城区照明指南》中的参考值。调查所选的住宅小区分别建成于 1997 年、2003 年、2007 年，3 个小区内的路灯均为单侧布灯。

所调查道路中，盘蠡路、吴中东路、宝带西路为主干道，太湖西路和吴中东路为次干道。盘蠡路和东吴北路的照度均达到了我国道路照明标准的规定值 15lx，次干道太湖西路和吴中东路的照度达到了国家标准。其中盘蠡路、吴中东路除了路灯还设有景观柱灯，因此吴中东路的平均照度达到了主干道的照明标准。在调查的道路中，平均照度达标的占 80%，均匀度达标的只占 20%。

夜间路面的亮度 **表 3-5**

道路名称	东吴北路	盘蠡路	宝带西路	吴中东路	太湖西路
路面亮度平均值(cd/m²)	3.6	3.1	1.8	4.4	1.5
路面亮度最小值(cd/m²)	1.8	2	0.8	1.3	1
路面亮度最大值(cd/m²)	7.1	5.5	4	7.4	2.5
亮度均匀度	0.254	0.645	0.442	0.176	0.4

由表 3-5 中的调查结果看出，所调查的道路中，80%的道路亮度达标，60%亮度均匀度达标。东吴北路的亮度除了路灯还有部分来自广告灯箱等，盘蠡路和吴中东路的两边均设有景观柱灯，对道路的亮度贡献较大。

广告灯箱亮度 **表 3-6**

广告牌所在道路名称	宝带西路	盘蠡路	东吴北路	太湖西路	吴中东路
广告灯箱亮度平均值(cd/m²)	99.2	29.5	16.0	78.3	17.6
广告灯箱亮度最大值(cd/m²)	245	60.7	111	42.2	34

由表 3-6 所列的广告灯箱亮度的调查结果看出，吴中区的广告灯箱亮度基本都未超过规定的最大允许亮度。

三、吴江市黎里镇

黎里镇位于江苏省吴江市东部，全镇总面积 59.34km²，辖 19 个行政村和 3 个社区。黎里镇是一个典型的江南文化古镇。镇内古老民宅面水而筑，各式石桥横卧河上，堪称小桥流水人家。黎里气候宜人，土地肥沃，水资源丰富。古镇拥有包括柳亚子纪念馆在内的 34 处重要人文景观，近些年经济社会发展迅速。镇区南北相对较长。南部是古镇区，中间大块区域是后发展起来的镇中心区，318 国道以北部分是新兴工业区。调查时间为 2006 年 9 月。

(一) 夜间光污染源调查

调查按照选定的调查对象记录各道路名称，顺着道路依次清点，分别记录投光照明广告、霓虹灯广告、灯箱广告、显示屏广告和景标、功能标等的数量，结果见表 3-7。

与苏州市等城市相比，黎里镇的光污染源不多，主要是灯箱广告，如黎里南路。其他灯箱主要是餐饮、服务行业的店牌。霓虹灯也较少，只在人民路上有一些投光照明。

(二) 夜间环境照度测量

黎里镇区夜间环境照度测量结果见表 3-8、表 3-9 和表 3-10。

夜间光污染源调查　　表 3-7

照明种类 / 调查地点	广告、标志灯(包括店名)			
	投光照明	霓虹灯		灯箱广告
		静态	动态	
浒泾北路	0	2	1	1
浒泾南路	0	6	1	22
人民中路	9	1	1	17
人民东路	2	1	0	6
兴黎路	0	0	0	2
西庙泾浜路	0	0	0	4
黎里南路	1	0	3	37

夜间道路照度　　表 3-8

测量地点		浒泾北路	人民中路	兴黎路	中心街	东南港路
水平照度(lx)	最亮处	22.9	33.4	60.1	37.6	70.0
	最暗处	0.9	1.7	1.0	1.9	0.1

路灯照射在居民窗户上的照度　　表 3-9

测量位置	人民东路	兴黎路	何家浜路	东南港新村	黎里宾馆
垂直照度(lx)	11.1	9.0	22.1	44.0	10.1

不同区域夜间环境照度　　表 3-10

区域类型	测量地点	平均照度(lx)	最小照度(lx)	照度均匀度
道路	浒泾南路	91.2	72	0.789
广场	黎民南路广场	10.5	3.4	0.324
居住区	碧绿兰小区	0.4	0.1	0.250
商业区	人民中路	96.5	87	0.942

根据上海市在 2004 年 9 月 1 日颁布的《城市环境（装饰）照明规范》，23 时后，居住小区住宅窗户上的垂直照度不超过 4lx，而在黎里镇监测的人民东路、兴黎路、何家浜路、东南港新村、黎里宾馆等地，路灯照到窗户上的照度都超过了该值，且一盏路灯就能影响到几个窗户上的照度。在何家浜路，窗户上照度达到 22.1lx，超过该标准数倍。有的道路上最暗处照度只有 0.1lx，严重照度不均。没有安装路灯的居住小区也很普遍，连人民东路旁建的较晚的碧绿兰小区里也没有路灯，只靠小区外道路上的灯光照明，照度只有 0.4lx。至于镇南部的老镇部分，照度不均匀现象普遍存在。

四、昆山市巴城镇

巴城镇是一个具有数千年历史的文化古镇，景色十分秀丽，著名的清代一条街“一线天”位于镇区北部，其南部是新发展起来的镇中心区，新兴的工业区主要集中在镇区的西南部和东南部。该调查的时间为 2006 年 12 月。

（一）夜间光污染源调查

巴城镇的光污染源不多，主要是灯箱广告和霓虹灯，大多分布在景城路和湖亭路两侧的商业区。通过记录道路名称，顺着道路依次清点，分别记录投光照明广告、霓虹灯广告、灯箱广告、显示屏广告和景标、功能标等的数量，结果见表 3-11。

夜间光污染源调查　　**表 3-11**

照明种类 / 调查地点	广告、标志灯（包括店名）			
	投光照明	霓虹灯		灯箱广告
		静态	动态	
景城南路	0	3	2	5
景城北路	5	8	6	33
新澄路	7	0	1	4
湖亭路	3	14	4	7
古城路	0	2	4	0

（二）夜间环境照度测量

巴城镇区夜间环境照度测量结果见表 3-12、表 3-13。

夜间道路照度　　**表 3-12**

测量地点		景城路	崇宁路	湖亭路	古城路	新澄路
水平照度(lx)	最亮处	110.4	29.6	39.4	31.6	49.5
	最暗处	1.1	0.9	1.0	0.8	1.6

路灯照射在居民窗户上的照度　　**表 3-13**

测量位置	崇宁路东	崇宁路西	苏晋新村	景城南路	烟雨新村
垂直照度(lx)	9.4	12.7	2.4	6.9	1.9

根据上海市在 2004 年 9 月 1 日颁布的《城市环境（装饰）照明规范》，23 时后，居住小区住宅窗户上的垂直照度不超过 4lx，然而在巴城镇监测的崇宁路东、崇宁路西、景城路，路灯照射在窗户上的垂直照度都超过了该值，虽然表 3-13 中的数据均在 21 时左右测得，但是我们了解到由于巴城镇的路灯在 23 时后依旧全部开启，所以我们可以认为表 3-13 中的数据与 23 时后的情况是一致的。主要道路在夜间的照度普遍不均匀，最暗处往往照度偏低，而这些最暗处又多数是在人行道附近，这必然给行人在夜间行走带来不便。调查过程中还发现，由于“巴城老街”以北的老镇区只有很少的路灯，所以夜间照明情况比较差。

五、无锡市崇安区

无锡地处中国东南沿海长三角中部，经济较发达，并且还是一座具有三千多年历史的古城，是著名的旅游胜地。总面积为 4650 平方公里，其中市区面积为 1632.70 平方公里，下辖二市（县）和七区。崇安区处于城市的中心地带，是无锡的政治、文化中心。调查主要监测和计算了无锡市崇安区内相关居住区及道路、商业区、医院、学校、休闲绿地和古建筑等的照度和照度均匀度情况。该调查时间为 2008 年 4～5 月。

由居住区夜间室外照度测量结果（见表 3-14）可以看出，处于不同区域的住宅小区，因与火车站、商业中心街区等夜间明亮区域的距离不同，受背景亮度影响差别较大，照度及照度均匀度有所区别。东河花园受周围背景照度影响较小，迎溪桥小区和皂荚弄小区由于稍靠近道路故其照度和照度均匀度稍微偏高，而周新里村、置煤浜新村及道长巷社区，因周边不同程度地分布着一些高亮度的照明设施，故其照度值较高。

居住区夜间室外照度测量结果　　表 3-14

居　住　区	平均照度(lx)	最小照度(lx)	照度均匀度
周新里村	7.5	1.3	0.17
新街村	4.8	0.7	0.15
东河花园	5.7	1.9	0.34
置煤浜新村	8.1	2.6	0.32
新街巷	5.0	1.4	0.28
迎溪桥小区	5.8	1.8	0.31
皂荚弄	6.4	2.2	0.34
道长巷社区	9.7	2.9	0.30

表 3-15 中几所学校均为非寄宿制学校，夜间照明强度较低，但由于无锡市胜利门中学和江苏省无锡连元街小学都离道路和商业街区较近，受背景亮度影响较大，照度较高。

医院属于较少夜间休息的场所，需要较高的照明强度以满足夜间工作的需要，特别是无锡市崇安人民医院，地处火车站和汽车客运站附近，夜间照明强度较强。

城中公园及东林广场都是崇安区范围内较大型的休息绿地，较低的照明强度有利于创造放松愉悦的氛围，使市民身处其中时可以没有压力，全身心放松。

阿炳故居处于崇安寺步行街区范围内，由于供给市民游览的需要，而投射较高强度的灯光，故其照度及照度均匀度都较高。而东林书院及薛家花园都远离主要商业街区，其照度较低。

非居住区夜间室外照度测量结果　　表 3-15

类型	测 量 地 点	平均照度(lx)	最小照度(lx)	照度均匀度
主干道	中山路(全路段)	24.6	11.9	0.48
	人民路(崇安段)	15.0	5.1	0.34
	兴源路(崇安段)	18.3	7.3	0.40
学校	无锡市胜利门中学	29.9	11.4	0.38
	无锡市第一女子中学	16.5	5.3	0.32
	无锡市大桥实验中学	21.6	7.4	0.34
	江苏省无锡连元街小学	25.5	9.5	0.37
医院	无锡市崇安人民医院	32.6	14.9	0.46
	无锡市第二人民医院	30.0	11.8	0.39
	无锡市口腔医院	25.5	9.3	0.36
休闲	城中公园	1.5	0.3	0.20
广场	东林广场	3.6	1.1	0.31
古建筑	阿炳故居	8.5	4.7	0.55
	东林书院	5.2	2.2	0.42
	薛家花园	4.0	1.3	0.33

综合来看，处于商业街区和道路周边的居住区、学校等都受到一定影响，照度及其均匀度也处于较高水平。而远离商业街区和主干道路的区域，照度较低。

六、江阴市

（一）调查地点的选择

江阴市居住小区的变迁是随着江阴城市发展而改变的。2006 年江阴共有居住小区 180 多个，根据江阴规划局居住用地规划，又可以把江阴的城区规划为 7 个居住区，分别为城中居住区、城东居住区、城西居住区、城南居住区、夏港居住区、山观居住区、云亭居住区。整体来说，江阴的住宅小区是向着一个规划合理、配置齐全、管理规范的方向发展的。

根据江阴2006年的小区规划设计以及年代，我们选择了1989年建造的虹桥五村，20世纪90年代建造的花园四村、东海花园、大桥花园，2000年以后建造的丽都城市花园·名雅居以及双牌小区作为研究对象。调查时间在2006年4月。

（二）调查结果

根据实地的调查测量，各小区的光环境状况如表3-16所示。

测得的各项照度值大部分都在《居住区环境景观设计导则（试行稿）》推荐的参考照度范围内。根据《居住区环境景观设计导则（试行稿）》可知居住区主次道路参考照度为10～20lx，灯具应安装在4～6m的高度，并选用带遮光罩下照明方式，避免强光直射到住户屋内，同时光线投射在路面上要均衡。被调查居住小区的主次道路的路灯照明平均照度在14lx左右，调查数据显示，被调查的六个住宅小区主次道路的路灯照明，大桥花园以18.96lx居第一，而丽都城市花园·名雅居是六个被调查小区中道路照明照度值最低的，但也达到10.38lx。总体来说，江阴住宅小区主次道路的路灯照明都在《居住区环境景观设计导则（试行稿）》的参考照度的范围内，情况比较理想。

各小区光环境监测统计表（光照度值单位：lx）　　　　**表3-16**

	虹桥五村(1989)	花园四村(1993)	东海花园(1994)	大桥花园(1999)	名雅居(2003)	双牌小区(2003)
小区主次道路照明	14.06	14.75	16.42	18.96	10.38	11.44
傍晚照射在居民窗户上	7.61	11.72	10.61	4.61	10.43	4.02
深夜照射在居民窗户上	7.61	11.72	1.86	4.61	2.59	4.02
停车场				25.51		
步行台阶(小径)					10.38	
园路、草坪				15.94	8.52	12.54
休闲广场				10.58		
围墙					4.26	

参照上海市《城市环境（装饰）照明规范》：住宅窗户上的光照强度傍晚不得超过25lx，23时以后则不能超过4lx；即使在繁华商业中心区的住宅23时前也不得超过50lx，23时后要降至25lx以下。监测结果显示，傍晚住宅小区照射在居民窗户上的平均照度是8.1lx，说明住宅小区傍晚的光照符合要求。

而根据夜间在居民窗户上的照度监测结果，六个小区夜间照射到居民窗户上的平均光照度为5.4lx，超过了上海市《城市环境（装饰）照明规范》的标准值，说明被调查的居住小区夜间在窗户上形成的照度偏高。其中花园四村的照度最高（达到了11.72lx），其次是虹桥五村，一定程度上影响居民的正常休息。而大桥花园和双牌小区的居民窗户上光照度分别是4.61x、4.02lx，略微超出标准。东海花园和名雅居小区，由于在22：00以后部分路灯熄灭，因此夜晚光环境很幽静，不存在影响居民正常休息的问题。

七、宜兴市

和其他很多城市一样，宜兴市对大气、水和噪声的污染控制非常重视，对光污染却没有相应的措施和法规。该调查在宜兴市区选择典型的居民区、商业区和主要道路对夜间光污染源，主要是广告和标志灯进行了调查。该调查调查时间为 2004 年。

（一）夜间光污染源的调查

宜兴市区夜间光污染源的调查结果见表 3-17。

宜兴市市区若干地区光污染源调查　　表 3-17

地区 污染源	东山居民区	人民路中心商业区	解放广场	金三角 商业区	茶西居民区
污染源种类	凯撒歌舞厅激光灯①、灯箱广告②	华地广场、大盛百货、大统华、华亭大酒店等投光照明①、精益眼镜店的霓虹灯②	大沪人家酒店投光照明、广告灯①、解放广场彩光照明②	蓝天大厦投光照明①、中国石化广告灯②、金海岸浴室霓虹灯③	沁园珍宝舫投光照明①、国际酒店投光照明②、瀛园广场彩光照明③
数量	①3　②3	①9　②1	①3　②4	①3 ②1 ③1	①2 ②3 ③2

由表 3-17 可见，投光照明在宜兴的整个夜间光环境产生的污染占很大的分量，这样用投光照明照射墙面反光率很低的建筑物或玻璃幕墙建筑，不仅照明效果很差，反而往往会导致光的污染和浪费照明用电。还可以看出彩光污染也越来越严重。另外，霓虹灯和广告灯也是宜兴市区光污染的重要组成部分。

（二）夜间广告和标志灯的调查

夜间广告和标志灯的调查结果见表 3-18、表 3-19。

广告数统计　　表 3-18

<table>
<tr><th rowspan="2">照明种类
调查地点</th><th rowspan="2">广告总数</th><th rowspan="2">投光照明广告①</th><th colspan="2">霓虹灯广告②</th><th rowspan="2">灯箱广告</th><th rowspan="2">显示屏广告</th></tr>
<tr><th>动态</th><th>静态</th></tr>
<tr><td>人民北路</td><td>27</td><td>3</td><td>无</td><td>1</td><td>23</td><td>无</td></tr>
<tr><td>人民中路</td><td>67</td><td>27</td><td>3</td><td>无</td><td>36</td><td>1</td></tr>
<tr><td>人民南路</td><td>44</td><td>10</td><td>4</td><td>1</td><td>29</td><td>无</td></tr>
<tr><td>通贞观路</td><td>19</td><td>3</td><td>无</td><td>无</td><td>16</td><td>无</td></tr>
<tr><td>西大街</td><td>22</td><td>2</td><td>1</td><td>1</td><td>18</td><td>无</td></tr>
<tr><td>东大街</td><td>17</td><td>3</td><td>1</td><td>1</td><td>12</td><td>无</td></tr>
<tr><td>312 国道
（市区段）</td><td>7</td><td>无</td><td>无</td><td>无</td><td>7</td><td>无</td></tr>
</table>

① 含多面翻、立体模型和悬幕式广告；
② 含美耐灯广告。

标志灯数统计　　表 3-19

<table>
<tr><th rowspan="2">照明种类
调查地点</th><th rowspan="2">标志总数</th><th colspan="3">景标①</th><th colspan="4">功能标②</th></tr>
<tr><th>投光照明</th><th>内透光</th><th>无照明</th><th>投光照明</th><th>内透光</th><th>无照明</th><th>逆反光</th></tr>
<tr><td>人民北路</td><td>7</td><td>2</td><td>无</td><td>3</td><td>无</td><td>无</td><td>无</td><td>2</td></tr>
<tr><td>人民中路</td><td>17</td><td>7</td><td>无</td><td>5</td><td>无</td><td>无</td><td>无</td><td>5</td></tr>
<tr><td>人民南路</td><td>15</td><td>7</td><td>无</td><td>4</td><td>无</td><td>无</td><td>无</td><td>4</td></tr>
<tr><td>通贞观路</td><td>6</td><td>1</td><td>无</td><td>2</td><td>无</td><td>无</td><td>无</td><td>3</td></tr>
<tr><td>西大街</td><td>7</td><td>3</td><td>无</td><td>2</td><td>无</td><td>无</td><td>无</td><td>2</td></tr>
<tr><td>东大街</td><td>8</td><td>2</td><td>无</td><td>2</td><td>无</td><td>无</td><td>无</td><td>4</td></tr>
<tr><td>312 国道
（市区段）</td><td>18</td><td>无</td><td>无</td><td>1</td><td>无</td><td>无</td><td>2</td><td>15</td></tr>
</table>

① 指街道、广场或交通路口设立的造型景牌或装饰性景标；
② 指标准的公共信息、安全和交通标志。

由调查结果，可以看到：

第一，灯光广告和标志的形式种类非常多，无灯光照明的广告和标志相应减少，无照明的景标约为景标总数的25%，而无照明的功能标就更少一点，只占功能标总数的11%。

第二，商业街灯箱广告最多，其他灯光广告很少的现象在悄悄地发生变化。霓虹灯广告只占广告总数的6.4%。

第三，投光照明和灯箱广告大幅度的增多。各个地区使用的投光灯广告和灯箱广告所占比例很大，达到90%以上。

第四，20世纪80年代以前为数稀少的显示屏广告也出现了。

八、滁州市

滁州市位于长江三角洲西部边缘，为皖东的政治、经济、文化、交通中心。市区距南京市直线距离约50公里，属于南京都市圈内伙伴城市。滁州市区按行政区域分为北门、西门、南门、东门、扬子、琅琊、清流七个街道办事处和经济技术开发区共八个行政区域。其中老城区主要包括北门、西门、南门和东门四个街道办事处。我们以每个行政区域为单位，对其夜晚光环境状况进行分析，具体的测量结果整理见表3-20。调查时间为2007年。

监测结果分区统计　　**表3-20**

监测区域	北门街办	东门街办	西门街办	南门街办	扬子街办	琅琊街办	清流街办	开发区
监测点数	8	5	6	12	8	22	36	19
水平面照度范围(lx)	0.1/1.0	0.2/0.6	0.2/0.9	0.1/2.5	0.1/0.4	0.0/36.6	0.1/5.2	0.1/0.9
垂直面照度范围(lx)	0.1/1.5	0.3/0.6	0.2/0.8	0.1/3.1	0.0/0.5	0.0/21.2	0.1/4.0	0.1/1.6
区域平均光照度(lx)	0.4	0.4	0.5	0.7	0.2	2.4	0.8	0.4

(1) 北门街道办事处片区位于滁州市区的北部，是老城区的一部分，主要以居民区为主且仍有部分历史较久的老居民区，街道较窄。一些近十年内建造的较新的住宅小区也大多为拆迁后建成的。没有大型的工厂和较大规模的商业区，一些中小型商店主要沿南谯北路和东、西大街这两条主干道沿街分布。所以北门办事处的夜晚光照水平总体偏低。晚上给人感觉偏暗，照明设备较老，容易产生眩光，公共活动区域及住宅小区的照明水平有待提高。

(2) 东门街道办事处片区范围较小，位于老城区的东部，该区域经济较为落后，发展缓慢，建筑多为普通的砖瓦房，大多为居民自家建造的，没有经过统一的规划且年代较长，可以算是滁州市的“贫民区”。区域内没有大型的工厂、企业，整体光照度偏暗。一些小街小巷道会出现无路灯照明的情况，对夜晚行人的安全带来隐患。

(3) 西门街道办事处片区位于老城区的中部，原是老城区的经济文化中心，但随着新滁城向东南部的发展及市政府的迁移，这里的发展速度逐渐减慢。有近一半面积的居住区仍是砖瓦结构的老居民区，住宅小区的规模也都较小。该区域中有省级中学一所，市级医院三家。夜晚照明亮度适中，老居民区中的小巷道也都安装了路灯，但这些路灯较为简易，会产生眩光。

(4) 南门街道办事处片区位于老城区的南部，区域范围较前三个街道办事处大。以南湖公园为界，南湖以北为原老城区的行政办公区，南湖以南主要为商业区。而南门办事处的西部主要为原老城区的工业区，但随着城市的扩张和发展，一些工厂企业有的破产倒闭，有的迁出到其他地区。总体看来，南门办事处的西部正逐渐向居住区过渡。该区域总体亮度适中，但老的工业居住混合区的夜晚照明情况较暗。

(5) 琅琊街道办事处片区位于整个滁州市区的中部，东面设有火车站和汽车站，为滁州市的交通运输中心，由火车站沿琅琊大道一路向西可通到琅琊山自然风景区。中部沿天长东路两侧为商业区，是市区的繁华地段，中西部为教育、行政区，有学校8所。区域平均光照度为2.4lx，是夜晚市区较为明亮的区域。

(6) 清流街道办事处片区位于滁州市区的中南部，区域范围较大。京沪铁路以东主要有化肥厂、市羽绒总厂、塑料集团总公司和制药总厂几家企业，但基础设施建设条件较差，发展缓慢。其中部主要为政府行政办公区和住宅小区，这块区域的基础设施建设和公共设施较好。

(7) 滁州经济技术开发区位于市区的南部，现在主要分为行政办公区、教育园区和工业区三大块，已有一些工厂、企业处于正式生产运营中，还有一些正在建设中。未来滁州市区的发展就是由经济开发区继续向南发展，这里的发展潜力还很大。

(8) 扬子街道办事处片区位于市区东部，主要是由扬子汽车制造公司为中心发展起来的，处于市区与郊区的交界处，基础设施建设较差，居住区零散分布，当地少数居民以自家小规模制造砖瓦为生，大多仍以农业为生。夜晚光环境比较差。

九、郑州市

为了使研究能够较全面地反映郑州市的实际状况，对拟进行调查的小区进行了严格的选择。通过向郑州市建设委员会、郑州市房地产管理局等相关管理机构及部分房产中介公司进行咨询，根据郑州市居住小区的分布状况，按照小区的建设年代，同时兼顾小区的类型，在郑州市的不同行政区域内分别选择了一定数量的居住小区作为研究的样本区。调查时间是在2008年10月。

（一）道路平均照度

根据所调查的小区道路平均照度值的分布特点，将调查结果进行整理，具体见表3-21、表3-22。

车行道路照明平均照度统计表　　**表3-21**

照度分布(lx)	小区数量	所占比例(%)
0～5	7	29
5～10	5	21
10～20	10	42
>20	2	8

人行道路照明平均照度统计表　　**表3-22**

照度分布(lx)	小区数量	所占比例(%)
0～5	8	33
5～10	9	38
10～20	7	29
>20	0	0

（二）居民窗户垂直照度

居住区作为人们主要的休息场所，照明对居住者的影响，通常与暗黑的居室里射入的户外照明光线在窗上形成的垂直照度相关。国际照明委员会（CIE）出版的《限制室外照明设施产生的干扰光影响指南》No. 150（2003）将影响用窗户垂直面的照度表示。对各小区居民窗户上的垂直照度测量结果见表3-23。

居民窗户垂直照度表　　**表3-23**

小区名称	小区内侧窗表面照度(lx)	小区外侧窗表面照度(lx)
建业·城市花园	1.2	3.2
鑫苑·名家	3.6	10.6
华林·都市家园	1.0	1.8
省直姚寨小区	1.1	1.6
鑫苑·都市领地	1.4	8.6
亚星·盛世家园	1.8	6.8
裕达别墅	0.4	0.8
郑大东区家属院	1.9	3.5
帝湖花园	8.6	26.7
世纪豫花园	1.2	3.2
国棉一厂家属院	0.8	1.7
电子技术学院家属院	0.3	1.4
美景天城	2.8	15.2
二里岗村	0.2	0.2
清华园	2.2	4.3
中华园	0.1	0.4
王砦新村	1.0	1.9
阳光馥园	1.6	3.2
高新·锦华苑	3.4	9.4
顺驰·第一大街	1.2	6.5
和谐小区	1.6	5.2
亚星·世纪嘉园	1.4	4.6
九冶家属院	0.4	1.7
新安东路四号院	0.6	1.8

按照建设部住宅产业化促进中心于2006年发布的《居住区环境景观设计导则》（以下简称“导则”）所给的车行道路照明的平均照度值为10～20lx，由表3-21，符合此要求的小区数占总调查小区数的比例为42%，另外有超过50%的小区均不符合此标准，其中50%的小区车行照明照度值低于此标准，依《导则》的标准，可以得出“郑州市居住区内车行照明照度偏低的小区所占比例较大”的结论。《导则》所给的小区人行道路照明的平均照度值为10～20lx，以此标准比较，由表3-22，符合标准的小区只占调查小区总数的29%，其余71%小区的人行道路照明平均照度值均低于此标准值。依《导则》的标准，可以得出“郑州市居住区内人行照明照度偏低的小区所占比例较高”的结论。结合此前对车行照明进行评价所得出的结论，可以得出这样的结论，即“目前郑州市居住区内道路照明总体照度水平偏低”。

第四章　室内光环境

第一节　自然采光

在大自然中，太阳光由两部分组成，一部分是一束直射平行光。光的方向随着季节与时间做有规律的变化，称为直射阳光。另一部分，是整个天空的散射光，直射光和散射光的比例，随太阳亮度与天气而变化，天气愈晴，太阳的高度角愈高，直射阳光所占的比例愈高。

由于太阳光能够杀菌、促进新陈代谢，比采用人工光源节约能源，故白天的情况下，尽量利用太阳光作为照明的手段。人类更适应太阳光，有接触大自然的感受，故一些建筑物尽量利用日光，甚至将日光引入建筑物内部及地下。

直射阳光由于强度高、变化快，容易引起眩光或室内过热，故一些工作场所车间、计算机房、体育馆等需要遮蔽阳光。

天空散射光比较稳定柔和，常常作为建筑物采光的主要光源，天空的平均亮度与天气有关，非常晴朗天气下亮度约 8000cd/m^2，略阴天约为 4700cd/m^2，浓云天为 800cd/m^2。

第二节　人工照明

一、室内环境的人工照明

虽然利用天然光有很多优点，但是天然光受到空间和时间的限制，例如天黑以后，以及离采光口较远处都需要人工光来补充。由于光源的发明，人们能在室内和夜晚进行各项活动，活动空间和时间大大扩展。随着人民生活和文化水平的提高，人们对照明灯光的要求也越来越高。不仅满足于照亮，更要求舒适和健康。

建筑物是人们赖以生存的物质基础，而人的一生或每天的极大部分时间离不开光，因此室内光环境在人们的生活中有着极其重要的作用。室内光环境的优劣直接影响人们的生活质量与身体健康，对人的生理心理有着极大影响，因此也成为衡量建筑物性能质量的一项重要指标。比如，图书馆阅览区的照明设计具有很强的工艺要求：光源稳定、照度充足、光线分布均匀、光谱接近日光等，以达到保证和打造室内良好阅读环境的目的。

高质量室内光环境的营造，主要包括以下几个方面：

足够的照度。不同的室内环境对照明的要求也不同，室内照明要与人们的活动内容相适应，如写作、运动等要求较高照度，听音乐、看电视要求较低照度，对应的照度应该使人感到在各种不同活动下能轻松自如舒适。

良好的照度均匀度。照度均匀度即室内最低照度与平均照度之比，一般不宜小于

0.7，如果照度差别太大，会引起视觉不舒适和疲劳感。

限制亮度和防止眩光。一般采用较小功率的光源（单个光源的光通量宜小于2000lm），外加灯罩，同时满足灯具最小遮光角的要求。

适宜的光源色温。不同的室内环境适宜的光源色温也不同。住宅的起居室、卧室、餐厅一般适合选用暖色调光源（色温小于3000K），能形成温暖、舒适而且轻松的气氛；书房、健身房等房间根据需要可选择色温稍高的光源（色温大于3300K）。正确选择光源在照明设计中可以起到事半功倍的效果，相反，则不仅是照明设计的失败，甚至还会影响人们的身心健康。

良好的光源显色性。只有照明光源具有良好的显色性，在光源的照射下，人们才能对物体表面的颜色正确识别，住宅照明光源的一般显色指数（Ra）在新标准中统一确定为宜大于80。

二、人工照明的电光源

目前用于室内照明的光源主要是电光源，电光源可以说与人朝夕相处。一个多世纪以来，照明技术的发展和成就，对人类社会的物质生产、生活方式和精神文明的进步都产生了深远的影响。

（一）电光源的种类

现代照明用的电光源分为两大类，白炽灯和气体放电灯。白炽灯发出的光是电流通过灯丝，将灯丝加热到高温而产生的，因此白炽灯也叫热辐射光源。气体放电灯是利用某些元素的原子被电子激发而产生光辐射的光源，称为冷光源。气体放电灯又可按照它所含气体压力分为低压气体放电灯和高压气体放电灯。近年来，欧美国家习惯用灯的发光管壁负荷对气体放电灯进行分类，凡管壁负荷大于3W/cm^{2}的称为高强度气体灯，简称HID灯，包括高压汞灯，金属卤化物灯，高压钠灯等。电光源的选用主要根据其多种性能指标，及使用场合的特点和要求确定。

（二）电光源的主要性能指标

光通量：表征灯的发光能力，以流明表示，能否达到额定光通量是考核灯质量的首要评价标准。

发光效率：灯发出的光通量与它消耗的电功率之比，单位：流明/瓦（lm/W），发光效率与电光源种类有关，也与光源发出的光通量有关。一般光源的发光效率随着光通量的增加而增长，如荧光高压汞灯50瓦时，光效为30lm/W；1000瓦时，光效为50lm/W。

寿命：光源的寿命以小时计，通常有两种指标：

有效寿命：这种指标多用于白炽灯及荧光灯，这里指灯在使用过程中，光通量衰减到某一额定数值（70%～80%）时所经过的点燃时数。

平均寿命：这种指标多用于高强度放电灯，这是一组试验灯点燃到50%的灯失效，所经历的时间，称为这批灯的平均寿命。

平均亮度：灯的发光体的平均亮度用cd/m^{2}表示。光源在点燃时间内亮度的平均值，普通白炽灯发光体为灯丝，荧光灯为管壁。

灯的色表：指灯光颜色给人的直观感觉，有冷暖与中间色之分，用相关色温来表示，其原理是热辐射光源，温度越高，光能越集中在波长短的光波上，波长短的光波给人冷的感觉，由此推广到气体放电灯。暖色相关色温小于 3300k，中间色色温 3300～5300k，冷色的相关色温大于 5300k，见表 4-1。

灯的色表类别 表 4-1

色表类别	色表	相关色温(K)
1	暖	<3300
2	中间	3300～5300
3	冷	>5300

灯的启动及再启动的时间。有的光源在合上开关以后要过一段时间才能逐渐亮起来如钠灯。另外有些光源熄灭后不能马上启动，要等光源冷却后才能再启动。

第三节 室内光环境调查实例

根据卫生部、教育部联合调查数据显示，我国学生近视发病率高达 60%，居世界第二位，患者人数超过 6000 万，居世界之首，其中，高中生近视率更在 70%以上。虽然近视的形成与先天遗传因素存在一定的关联，但后天的环境因素对其的影响更为突出。许多学校的教室、图书馆等都或多或少存在着采光及照明不合理的现象，学生们长期在不良的光环境下学习，从而埋下了近视的祸根。针对这些问题，我们对苏州的部分小学、中学、大学的教室、图书馆、宿舍进行了实地调查。

一、苏州市部分中小学校教室

（一）调查时间及调查对象

选点包括了小学和中学，对所选学校进行调查测量。具体调查时间及调查对象如下：

1. 2006 年 5 月 18 日上午十时左右至苏州高新区实验小学（苏州市高新区金山路 88 号）进行调查测量。

2. 2006 年 5 月 19 日上午十一时左右至苏州枫桥实验小学（苏州市高新区华山路）进行调查测量。

3. 2006 年 5 月 25 日晚至苏州高新区新草桥中学（苏州市高新区金山路 70 号）进行调查测量。

（二）室内光环境测量结果

调查主要是对采光和室内照明两方面进行测量。对教室的采光和灯管安装情况，以及自然采光和人工照明两种状态下教室内典型工作面上的照度进行测量。其中，采光测量依据的是《采光测量方法》（GB 5699—85）；室内照明测量依据的是原标准《室内照明测量方法》（GB 5700—85）。具体的调查内容及部分测量的内容和标准值见表 4-2。

苏州高新区实验小学和苏州枫桥实验小学教室的采光材料内外测点照度值及透光系数见表 4-3。

三所学校教室各表面的反射系数及标准值见表 4-4。

表 4-4 中，苏州高新区实验小学和苏州枫桥实验小学教室的各表面反射系数是在自然采光的情况进行测量的，而苏州新草桥中学教室的各表面反射系数是在室内照明的情况进行测量的。

主要调查内容及相关标准值 表 4-2

调查内容 \ 学校	苏州新区实验小学	苏州枫桥实验小学	苏州新草桥中学
学校教学楼是否采用南北向的双侧采光	是	是	是
教室采用单侧采光时，光线是否自学生座位的左侧射入	是	是	是
南外廊北教室时，是否以北向窗为主要采光面	是	是	是
地面面积(m^2)	48	49.8	52.4
玻璃的透光面积(m^2)	17.3	16.5	15.0
玻地面积之比	0.36	0.33	0.29
黑板是否采用耐磨材料	是	是	是
黑板灯是否与黑板垂直安装	是	是	是
灯具距课桌面的高度(m)	2.1	2.3	2.5
室内是否设窗帘避免阳光直接射入	是	是	是
室外无遮挡水平面上的扩散光照度(lx)	7530	是	是
教室内桌面平均照度值(lx)	321.5	35000	—

注：玻地面积之比的标准值不应低于 1/6；教室课桌面上的平均照度值不应低于 150lx。

采光材料内外测点照度值及透光系数 表 4-3

学校	照度值及透光系数	测点 1	测点 2	测点 3
苏州高新区实验小学	内测点照度(lx)	400	315	260
	外测点照度(lx)	487	342	300
	采光材料透光系数(%)	82.10	92.10	86.70
苏州枫桥实验小学	内测点照度(lx)	430	336	226
	外测点照度(lx)	425	374	364
	采光材料透光系数(%)	98.80	89.80	62.10

教室各表面反射系数及标准值（单位：%） 表 4-4

学校及标准值	侧墙、后墙表面反射系数	前墙反射系数	课桌表面反射系数	地面反射系数	黑板反射系数
苏州高新区实验小学	51.1	65.3	35	33.9	21.4
苏州枫桥实验小学	41.7	60.5	32.3	32.3	43.9
苏州新草桥中学	54.3	61.9	23	30.2	10.6
标准值	70～80	50～60	35～50	20～30	15～20

苏州高新区实验小学和苏州枫桥实验小学教室内课桌面上采光系数及标准值见表 4-5。

室内课桌面上采光系数及标准值（单位：%） 表 4-5

学校及标准	测点 1	测点 2	测点 3	测点 4
苏州高新区实验小学	8	5.3	5.7	6
苏州枫桥实验小学	1.2	1.6	2.2	1.6
标准值	不低于 1.5			

苏州新草桥中学教室黑板垂直照度值及标准值见表 4-6。

(三) 达标分析

对各学校的测量结果进行分析，与标准对比，三所学校的调查内容和达标情况见表 4-7。

苏州新草桥中学教室黑板垂直照度值及标准值（单位：lx）　**表 4-6**

平均值及标准值	测点 1	测点 2	测点 3
平均值	78.8	82.6	85.5
标准值	不低于 200		

三所学校的调查内容和达标情况　**表 4-7**

调查内容＼学校	苏州新区实验小学	苏州枫桥实验小学	苏州新草桥中学
学校教学楼是否采用南北向的双侧采光	达标	达标	达标
教室采用单侧采光时，光线是否自学生座位的左侧射入	达标	达标	达标
南外廊北教室时，是否以北向窗为主要采光面	达标	达标	达标
玻地面积之比	达标	达标	达标
黑板是否采用耐磨材料	达标	达标	达标
黑板灯是否与黑板垂直安装	达标	达标	达标
灯具距课桌面的高度	达标	达标	达标
室内是否设窗帘避免阳光直接射入	达标	达标	达标
教室内桌面平均照度值	达标	达标	达标
侧墙、后墙表面反射系数	不达标	不达标	不达标
前墙反射系数	超标	超标	超标
课桌表面反射系数	达标	不达标	不达标
地面反射系数	超标	超标	超标
黑板反射系数	超标	超标	不达标
桌面上采光系数	达标	达标	—
黑板平均垂直照度	—	—	不达标

由表 4-7 可知：苏州新区实验小学、苏州枫桥实验小学和苏州新草桥中学的测量指标达标率分别为 73.3%、66.7%、60.0%。这三个学校不达标或者超标的测量内容主要集中在室内各表面的反射系数。教室各表面反射系数高于标准值的情况占多数，说明学校教室内学生周围的建筑材料反光系数总体较高，学生所处的视觉环境并不理想。教室内各表面反光系数总体较高，学生们很容易受到反射光的影响。在所测量的教室中黑板和地面的反射系数均超过国家标准，学生上课时必须频繁看黑板，如果黑板的反射系数较大，即使学生眼睛感觉不到，但长此以往必定会对学生的眼睛造成不良影响。若不加以改善，必然会影响到学生的视力。

二、苏州中学教室

调查选取苏州中学高一（17）班、高二（6）班教室，依据《中小学校教室采光和照明卫生标准》（GB 7793—87）和《建筑照明设计标准》（GB 50034—2004），对两间教室的采光和灯管安装情况，以及自然采光和人工照明两种状态下教室内典型工作面上的照度进行了勘测和评价。调查时间为 2007 年 12 月 13～14 日。

高一（17）班、高二（6）班教室，分别代表了苏州中学的新老教室。高一（17）班教室位于校区北部的新教学楼（建于 2004 年）四楼，其南部为一座两层教学楼，且两者间距较大，北部则邻近街道，整体环境较为空旷；高二（6）班教室位于校区中部的老教学楼（建于1936年）1楼，该楼呈“匡”字结构，周边树丛茂密，建筑密集。

（一）调查过程与结果

在测量中，采光测量主要依据《采光测量方法》（GB 5699—85）进行，室内照明测量主要依据《室内照明测量方法》（GB 5700—85）进行。

对课桌面照度的测量，选取教室内全体课桌作为被测对象，测点的位置为每张桌子的桌面正中，此高度恰好距离地面0.8m；黑板照度的测量，则采用画“十”字的方法将黑板面平分为左上、左下、右上、右下4个区域，再分别选取这4个区域的中心以及黑板正中共5个测点进行3次重复测量。

高一（17）班、高二（6）班两间教室的采光测量分别在中午11：50～12：40和下午15：50～16：40两个时间段进行，测量期间天气以多云为主，测量时保持窗帘全部打开；两个班的照明测量则集中在晚上18：00～20：00时间段进行，测量时天色已全黑，并拉上了所有窗帘。所有测量均保持门窗关闭、桌面清空，并排除了测量人员操作的干扰。

教室采光及灯管安装情况实地调查结果见表4-8。

教室采光及灯管安装情况比较　　**表4-8**

调查内容	高一(17)班	高二(6)班
教室是否采用南北向的双侧采光	是	是
是否以北向窗为主要采光面	是	是
玻璃的透光面积/m^2	16.8	10.7
玻地面积之比	1/4.6	1/5.9
黑板是否采用耐磨材料	是	是
黑板灯是否与黑板垂直安装	是	无黑板灯
灯具距课桌的高度/m	2.33	2.93
灯管排列是否采用其长轴垂直于黑板面布置	是	否
室内是否设窗帘避免阳光直接射入	是	是

教室内部典型工作面的照度实测数据见表4-9。高一（17）班教室内的黑板灯在测量期间临时损坏，因此该教室人工照明下黑板垂直照度平均值及均匀度的数据空缺。

典型工作面的照度实测结果　　**表4-9**

监测内容和条件		高一(17)班	高二(6)班
课桌面平均照度值/lx	自然采光	744.03	58.93
	人工照明	223.80	219.72
课桌面照度均匀度	自然采光	0.474	0.443
	人工照明	0.619	0.702
黑板平均照度值/lx	自然采光	447.27	12.73
	人工照明	—	160.68
黑板照度均匀度	自然采光	0.812	0.919
	人工照明	—	0.854

注：高一（17）班教室内的黑板灯在测量期间临时损坏，该教室人工照明下黑板垂直照度平均值及均匀度的数据空缺。

（二）调查结果的分析评价

依据《中小学校教室采光和照明卫生标准》（GB 7793—87），对教室采光及灯管安装情况进行评价。由于该标准对教室内典型工作面照度的要求过于陈旧，故在照度的评价时选用2004年新颁布的《建筑照明设计标准》(GB 50034—2004)，即教室课桌面平均照度值不应低于300lx，黑板面平均照度值不应低于500lx，两者的均匀度均不应小于0.7。

评价得出两教室室内光环境各项指标的达标情况见表4-10。

教室室内光环境各项指标的达标情况 **表4-10**

调查与评价内容	高一(17)班	高二(6)班
教室是否采用南北向的双侧采光	达标	达标
是否以北向窗为主要采光面	达标	达标
玻地面积之比	达标	达标
黑板是否采用耐磨材料	达标	达标
黑板灯是否与黑板垂直安装	达标	不达标
灯具距课桌面的高度	达标	达标
灯管排列是否采用其长轴垂直于黑板面布置	达标	不达标
室内是否设窗帘避免阳光直接射入	达标	达标
纯日光下教室内桌面平均照度值	达标	不达标
纯日光下教室内桌面照度均匀度	不达标	不达标
纯日光下教室内桌面平均照度值	不达标	不达标
纯日光下教室内桌面照度均匀度	不达标	达标
纯日光黑板平均垂直照度值	不达标	不达标
纯日光黑板照度均匀度	达标	达标
纯日光黑板平均垂直照度值	—	不达标
纯日光黑板照度均匀度	—	达标

由表4-10可知，高一（17）班、高二（6）班测量指标的达标率分别为71.43%和56.25%，均不够理想但有明显差异。不达标项目主要集中在桌面平均照度值、桌面照度均匀度、黑板垂直照度值这三个方面。此外，高二（6）班教室在照明设施布局上还有两项指标不符合标准。

通过对比可以发现，高一（17）班教室的采光明显好于高二（6）班教室。其原因主要可以归为以下几点：

1. 高一（17）班由于楼层较高，教室南北两侧均较为空旷，窗外无遮挡物，而高二（6）班教室位于底层，南北双向窗外树木、建筑等遮挡较多；

2. 虽然两教室的窗口面积几乎相同，但由于新教室使用的是铝合金窗，故其玻璃面积要远大于老教室窗格众多的老式木窗；

3. 高一教室使用垂直升降式窗帘，日常不用收起时不阻挡光线，而高二教室的拉合式窗帘收起严重阻挡了窗边部分座位的光线；

4. 高一（17）班教室的南面窗户和高二（6）班教室南北双向窗户上安装的防盗铁栅栏也阻碍了室外光线的射入。

而在人工照明方面，两教室均使用灯管裸露的灯具，容易产生眩光，影响学生的视觉环境。高一（17）班教室由于后排灯具安装过于靠后，而学生座位分布整体较靠前，致使教室中后部座位上无法得到充足的光线，相比之下，高二（6）班教室的灯具均匀分布在学生座位上方，故而其人工照明下课桌面照度的均匀度要好于前者。但总体而言，高一（17）班教室要优于高二（6）班教室，主要表现在：

1. 虽然两教室都安装了6盏双排灯管的荧光灯，但高一（17）班教室采用的是国家规定的灯管长轴垂直黑板面的布置方式，而高二（6）班教室的灯管长轴平行于黑板面，违背了国家的相关规定；

2. 高二（6）班教室没有安装黑板灯，黑板的照度值严重不达标；

3. 高二（6）班教室灯距离课桌面距离过长，可能导致桌面照度降低。

此外，新教室在室内墙面 1.5m 以下区域都涂以浅黄色涂料，这有利于提高视觉舒适度。

（三）结论

通过此次调查，发现苏州中学教室在光环境方面还存在许多不足，尤其是一些老教室设备不齐全、设施陈旧，学校应针对上述现象着力进行改进：改良灯具的安装布局、在灯具表面增设格栅装置、添置黑板灯、使用新型垂直升降式窗帘，及时更换和修理老旧灯具，定期粉刷墙壁、油漆黑板等，不断提高各有关指标的达标率，为学生提供安全舒适的视觉环境。学生也应养成良好的用眼习惯，通过开启日光灯、使用窗帘等途径及时对光环境进行调节，并避免因桌面书籍堆积遮挡而造成光线不足。

三、苏州市区高等学校学生宿舍光环境调查

为了了解苏州市区高等学校学生宿舍的光环境现状，对苏州市区五所高校（分别是苏州科技学院江枫校区、苏州大学后庄校区、苏州广播电视大学、苏州职业大学、苏州工业园区职业技术学院）的学生宿舍一至四楼室内白天采光和夜间的灯光照度做了调查测量。调查时间为 2007 年 5 月。

对于调查测量结果的评价，由于没有直接可参照的标准，我们查阅和采用了我国已有的一系列与室内光环境相关的规范与标准。主要是建筑物的设计中有关室内照明的标准，包括《全国绿色生态住宅小区建设要点与技术导则（试行）》、《居住区环境景观设计导则（试行稿）》、《环保型人居工程评估导则（试行）》、《住宅建筑规范》（GB 50368—2005）、《建筑采光设计标准》（GB/T 50033—2001）、《建筑照明设计标准》（GB 50034—2004）、《健康住宅技术要点》、《中小学校建筑设计规范》（GB J99—86）、《中小学教室照明采光和照明卫生标准》（GB 7793—83）、《室内工作照明标准（草案）》等。

（一）日间采光测量

1. 日间测量方法

共五个测量点，对所测得的五组数据计算平均值，即能得到所测地方的地面的平均照度值（单位：lx）。

2. 日照评价参照标准

日间测量所采用的标准是《建筑照明设计标准》（GB 50034—2004）中居住照明标准值，因为学生宿舍属于起居室，学生宿舍桌面的照度可以采用其中起居室书写、阅读标准值 300lx。而参考《中小学校教室采光和照明卫生标准》（GB 7793—87）中要求教室黑板应设局部照明灯，并且对桌面的平均垂直照度不应低于 200lx。因此，选用 300lx 为桌面的最适合照度。

标准 GB 50034—2004《建筑照明设计标准》对普通办公室、会议室光环境的室内环境桌面照度做了评分。当工作平面的平均照度是大于 300lx 并且小于 400lx 时，此区域的照度分值为 60 分；当工作平面的平均照度是大于 400lx 并且小于 500lx 时，此区域的照度

分值为80分；当工作平面的平均照度是大于500lx时，此区域的照度分值为100分。在我国没有对室内日照采光有评分标准的情况下，该调查对日间采光的评分采用表4-11中的评分标准。

普通办公室、会议室光环境评价分级表　　表4-11

固定考察指标	评分	60分	80分	100分
	工作面平均照度	＞300lx	＞400lx	＞500lx
	照度均匀度	＞0.7	＞0.8	＞0.9

3. 日间采光测量

日间采光测量是在苏州五所高校的学生宿舍内进行。在测量过程中，对宿舍楼进行了简单了解，在每个学校任意取一幢宿舍楼，然后对这幢宿舍楼的一至四楼南北向各宿舍进行采光测量。为了保证数据的完整性和真实性，测量日照的时间主要是在天气晴朗的情况下，时间为早晨10至11点，高度为距离地面0.8米（由于学生桌面的高度正好为0.8米，在这里取0.8米为测量平面），具体测量结果见表4-12。

苏州市区各校区学生宿舍楼日间采光测量结果（单位：lx）　　表4-12

楼层	朝向	科技学院	苏州大学	园区职技	广播电大	职业大学
四楼	阳面	504.2	592.8	571.2	565.4	600.0
	阴面	414.0	540.4	472.0	478.2	—
三楼	阳面	449.8	527.2	521.2	420.6	556.2
	阴面	386.0	488.0	443.6	451.6	—
二楼	阳面	448.8	517.6	512.0	498.0	499.6
	阴面	384.2	454.4	429.8	453.8	—
一楼	阳面	349.6	401.8	411.4	363.0	318.8
	阴面	311.8	380.8	384.0	317.8	—
平均分值		72.5	85.0	85.0	70.0	85.0

从以上五所高校的照度测量值与《建筑照明设计标准》中对比，学校学生宿舍的日光照明基本都达到最低标准。从与标准比较的分值来看，苏州科技学院江枫校区学生宿舍楼的日照采光的综合得分是72.5分，苏州大学后庄学生宿舍楼和苏州工业园区职业技术学院宿舍楼、苏州职业大学学生宿舍楼日照采光综合的得分是85.0分，苏州广播电视大学学生宿舍楼日照采光综合得分为70.0分。从各校学生宿舍楼日照采光综合得分来看，苏州科技学院江枫校区学生宿舍楼的日照采光与苏州广播电视大学学生宿舍楼日照采光偏低，需要改进。

并且从表中数据可以看出，一楼不管是阴面还是阳面，照度值都比较低，都只是刚刚达到标准。但据宿舍周围环境来看，并没有树木一类的大型遮挡物，但是很明显一楼的宿舍都有防盗的铁栅栏，这应该是遮挡日照的主要原因，从而导致了一楼阳面和阴面宿舍的室内照度值较低。

（二）宿舍内夜间灯光照明测量

1. 宿舍内夜间灯光夜间测量方法

主要测量了日光灯对桌面的照度和同学们所用台灯叠加日光灯对桌面的照度值。

2. 夜间桌面照明标准

对夜间桌面照明，在《中小学校教室采光和照明卫生标准》（GB 7793—87）中要求教室黑板应设局部照明灯，并且对桌面的平均垂直照度不应低于200lx。而对夜间桌面照明采用国标（GB 50034—2004）《建筑照明设计标准》中的标准，达到照度标准要求桌面的照度值需要达到300lx。

3. 夜间桌面照明测量结果

根据五所高校学生宿舍结构的不同，测量其室内灯光对桌面的照度，其中涉及两部分的照度值，一个是在只开日光灯的情况下，测量日光灯对桌面的照度值，用“日光灯对桌面的照度值”表示，第二个是在日光灯打开的情况下，只打开一盏台灯，对桌面的照度值，用“日光灯和台灯对桌面的照度值”表示，看这两部分值是否符合标准值。结果见表4-13。

苏州市区各校区学生宿舍桌面照度测量结果（单位：lx）　　**表 4-13**

	科技学院	苏州大学	园区职院	广播电大	职业大学
日光灯对桌面的照度值	116.4	186.8	191.6	185.4	175.4
日光灯和台灯对桌面的照度值	301.2	320.4	358.6	333.0	338.4

由于日光灯对书写桌面的平均照度全部低于《建筑照明设计标准》和《中小学校教室采光和照明卫生标准》中规定的书写时灯光对桌面的照度，未达标。而日光灯叠加台灯后，日光灯和台灯对桌面的照度值全部达标。

综合《建筑照明设计标准》和《中小学校教室采光和照明卫生标准》中规定的书写时灯光对桌面的照度，要求灯光对桌面的最低照度应该达到200lx。从上述的五所高校来看，日光灯的照度均未达到这个标准。学生宿舍的日光灯安装，除了苏州科技学院为一个日光灯外，其他四所学生宿舍的日光灯均为两个，所以苏州科技学院学生宿舍的室内照度为最低。宿舍内日光灯的安装数量少也是学生书写面照度偏低的一个原因。

由于日光灯安装在学生的身后，学生在书写的过程中肯定会挡掉一部分光照，这将使得日光灯对书写面的照度更低。为了让书写面的照度达到书写时比较适宜的标准，建议学生在书写时打开台灯，保护视力。台灯对桌面的照度值，是一个很随机的测量，因为每个学生所用的台灯型号不同瓦数也不同，对书写面的照度就会不同。但从上述的数据来看，只有个别学生所用的台灯，在打开时对桌面的照度低于200lx，其他均高于200lx，并且多数是在300lx左右，表明学生的自己所选的台灯，与所要求的书写照度标准，基本符合照度标准。学生在宿舍作业时，打开台灯进行书写是必要的。

四、苏州市高等学校图书馆光环境调查

高等学校图书馆的使用程度非常高，而质量不好的照明环境会直接影响阅读时的舒适度，甚至会损害阅览者的视力。本调查通过对苏州科技学院三个校区（江枫校区、石湖校区、天平校区）图书馆的室内照明进行实地勘测，并用问卷的方式对图书馆室内照明系统使用的满意程度及出现的问题进行调查。通过理论上的分析对其照明环境进行评价，发现隐藏的问题并提出切实的解决方案，改善室内照明系统，给师生们提供更舒适的照明环境。依据国家已经颁布的中华人民共和国国家标准《建筑照明设计标准》（GB 50034—2004）和中华人民共和国国家标准《照明测量方法》（GB/T 5700—2008），对标准中的相关指标依据拟定的调查方案进行调查和测量，评价测量结果。调查时间为2009年。

（一）一般阅览室实测结果

对苏州科技学院三个校区的图书馆的一般阅览室进行了实地测量，测量所得结果如表4-14所示。

一般阅览室空间数据和人工照明实测结果 表4-14

一般阅览室		灯具到作业面的距离(cm)	LPD(W/m²)	照度均匀度	平均照度(lx)	最小照度(lx)	灯具损坏率(%)
江枫校区	二楼(左)	225	6.1	0.37	117	43	10.0
	三楼(左)	225	9.1	0.21	175	36	17.5
石湖校区	二楼(右)	80	6.7	0.34	143	48	11.9
	二楼(右)	375	5.3	0.63	88	55	31.0
天平校区	三楼(右)	375	7.6	0.47	167	78	20.2
	三楼(左)	375	6.2	0.46	149	69	47.9
	四楼(右)	375	7.9	0.29	152	44	22.6
平均值			7.0	0.40	142	53	24.4

实地测量中发现苏州科技学院江枫、石湖和天平三个校区的一般阅览室全部采用细管径直管型荧光灯直接照明的方式，且为吸顶式布置。江枫校区图书馆一般阅览室的灯具全部等距排列；石湖校区一般阅览室的灯具分为两部分，每个部分内部的灯具等距排列，两个部分之间间距较大；天平校区一般阅览室的室形较复杂，但灯具基本等距排布。对应表4-14照度标准可以看出，三个校区的一般阅览室均没有达到照度平均值的标准，同样也没有达到照度均匀度的标准0.7，因此均不达标，但三个校区图书馆一般阅览室的照明功率密度（LPD）都已达到标准。再加上灯具使用率的统计数据，表明三个校区的一般阅览室照度偏低，灯具的大量损坏影响到了照明的强度和照明的均匀程度。

（二）自习室实测结果

对苏州科技学院三个校区的图书馆的自习室进行了实地测量，测量所得结果如表4-15所示。

自习室空间数据和人工照明实测结果 表4-15

自习室		灯具到作业面的距离(cm)	LPD(W/m²)	照度均匀度	平均照度(lx)	最小照度(lx)	灯具损坏率(%)
江枫校区	一(左)	225	9.3	0.49	228	113	5.8
	一(右)	225	10.6	0.41	242	100	3.3
石湖校区	二楼	225	6.1	0.34	144	48	8.0
	三楼	225	6.9	0.29	161	46	6.5
	四楼	225	5.6	0.32	74	24	3.3
	五楼	225	4.9	0.25	57	14	12.5
天平校区	一楼	375	6.3	0.28	89	25	26.9
平均值			7.4	0.34	142	53	12.3

实地测量中发现江枫校区和天平校区自习室的灯具全部采用细管径直管型荧光灯直接照明的方式，吸顶式布置。石湖校区三楼自习室则采用细管径直管型荧光灯和环型荧光灯的组合排布方式，其中细管径直管型荧光灯16盏，两支一盏，环形荧光灯14盏，颜色偏黄，环型荧光灯采用磨砂玻璃遮障。从表4-15中可以看出三个校区图书馆自习室的照明功率密度（LPD）都已达到所规定的标准，江枫校区图书馆的自习室的照度平均值已达到标准，但石湖校区和天平校区自习室的照度平均值均不达标，而且三个校区的照度均匀度

都不达标。照度均匀度最高的两个实测地点都是江枫校区自习室，从空间及灯具布置示意图可以看出，江枫校区自习室灯具排列有序，灯具损坏率很低，所以能使照度平均值达标。石湖校区自习室的灯具排布没有规律，从数据统计结果中能很明显地看出这样的排布对照度平均值和照度均匀度都有很大的影响。天平校区自习室的灯具损坏率最高，但其照度平均值和照度均匀度都介于江枫校区与石湖校区之间，这表明天平校区图书馆自习室的灯具损坏程度偏高，对照明环境影响很大，但影响程度比石湖校区自习室灯具的无序排列对照明环境的影响程度小。

(三) 电子阅览室

对苏州科技学院三个校区的图书馆的电子阅览室也进行了实地测量，测量所得结果如表 4-16 所示。

电子阅览室空间数据和人工照明实测结果 表 4-16

电子阅览室	灯具到作业面的距离(cm)	LPD (W/m^2)	照度均匀度	平均照度(lx)	最小照度(lx)	灯具损坏率(%)
江枫校区四楼	225	6.2	0.41	207	84	20.8
石湖校区四楼	225	4.7	0.24	129	31	25.0
天平校区五楼	275	5.8	0.32	158	51	29.7
平均值		5.7	0.32	165	55	25.2

实地测量中发现三个校区的电子阅览室均采用细管径直管型荧光灯直接照明的方式，吸顶式布置。从 4-16 可知三个校区电子阅览室的照明功率密度（LPD）都达到标准，但照度平均值均没有达到 300lx 的标准值，照度均匀度也都没有达到 0.7 的标准。统计数据显示，石湖校区电子阅览室的灯具损坏率已达到 25%，其照度平均值和照度均匀度也是最小的。

五、关于护眼灯的调查

现在市场上有很多所谓护眼灯在销售，而不少灯具制造商对护眼灯的功效描述都写有“无频闪”，但大多数的使用者并不了解“频闪”，甚至还有护眼灯在其说明书上写到：“灯光的频闪容易引起眼睛疲劳，久而久之，容易造成眼睛近视。”但并没有任何权威部门出具的该护眼灯能够保护视力的证明 。

为了了解有关护眼灯的使用功效和生产管理情况，我们对其生产、销售和使用情况进行了调查，并向有关的学术机构和管理部门进行了咨询。调查时间为 2007 年。

(一) 护眼灯使用情况调查

在我们所做的苏州部分高校学生有关光污染的问卷调查中，有关护眼灯的两道问题：①你一般在什么样的灯下做作业？②若使用的是护眼灯，你是否觉得护眼灯起到了护眼效果？

我们一共收回 141 份有效问卷，第一题调查结果是：有 28 个学生选择了护眼灯，66 个学生选择了节能灯，29 个学生选择了白炽灯，18 个学生选择了日光灯。显然，使用节能灯的人比较多，但使用护眼灯的人数也不少，占到了所有灯具使用者的 20%。

而第二题不管是经常使用还是不常使用的同学都做了选择。其中有 30 人认为有作用，56 人认为和平常的灯没有什么区别，32 人认为应该有效果，最后有 23 个人对这个问题选择了不知道的答案。也就是说，有 40%的人认为和平常的灯没有什么区别，有 23%的人认为应该有区别，有21%的人认为有作用。

(二) 护眼灯市场调查

在苏州百润发大卖场、物美、华联连锁超市、美佳连锁超市、华东电器城、华东装饰城等商场进行调查，发现在苏州市面上出现的有合格证、并且在产品包装上说明厂家的护眼灯一共有11种。这11种品牌分别是：

(1) 深圳市联创实业有限公司出品的联创牌护眼灯；

(2) 广东佛山市顺德区勒流镇华雄灯饰电器有限公司出品的盈科牌护眼灯；

(3) 辽宁省沈阳市佳生保健科技有限公司出品的佳生牌护眼台灯；

(4) 浙江义乌市易美灯饰有限公司出品的易美牌护眼灯；

(5) 广东省中山市小榄镇丰缘电子电器厂出品的希望之星牌护眼灯；

(6) 上海市飞利浦亚明灯具有限公司出品的飞利浦牌护眼灯；

(7) 广东省深圳市同健光电有限公司出品的好视力牌护眼灯；

(8) 江苏省江阴市经纬电子有限公司出品的健视牌护眼灯；

(9) 浙江省温州市中外合资东联灯饰有限公司出品的DONGLIAN牌护眼灯；

(10) 广东省鹤山市广东鹤山明可达实业有限公司出品的明可达牌护眼灯；

(11) 广东省惠州市惠州TCL照明电器有限公司出品的TCL牌护眼灯。

以上11种品牌的护眼灯，价格从几十到几百不等。这些护眼灯都有固定的包装盒样式、品牌标示，并且都可以在包装盒内找到生产厂家的地址、电话、网址和E-MAIL等，并且每台护眼灯都有厂家出示的合格证在包装盒内。那么换句话说：以上11家生产厂家所生产的护眼灯应该是合法上市的。

另外在华东电器城，还有部分台灯的包装盒上既没有品牌标示，在包装盒内也找不到生产厂家的地址、电话、网址、合格证等，也就是说仍有一些厂家在通过不合法的手段利用外界所谓的护眼灯的名义，大肆赚取暴利。

(三) 护眼灯生产管理标准

既然有这么多品名为护眼灯的台灯，那么国家是否已经出台过关于护眼灯的生产或者在国家质量审核过程中制定的有关台灯对眼睛保护方面的标准或规范呢？为此我们以客户的身份首先通过电话逐一联系了以上十一家生产单位的相关负责人，得到的答案很不尽如人意。

1. 某灯具有限公司的负责人告诉我们，他们已经有很长时间没有生产护眼灯了，在江苏地区现在市场上所出售的护眼灯应该都是以前生产的。当我们问起他们生产的护眼灯是执行什么标准时候，他反复告诉我们，他们的护眼灯是绝对安全的，质量绝对是过关的，并且对使用者眼睛的伤害肯定低于一般的台灯。但当我们问他是否能具体告诉我们，他们执行的是什么标准时，他说，我们执行的都是质量标准，人家执行的我们都执行了。他说具体的东西他也不是很清楚，于是给了我们一个工程师的电话，对方是空号，当我们重复再打这位负责人电话的时候，始终没有人接听。而从这位负责人的口中，我们没有得到任何关于他们所生产的护眼灯是执行什么标准的信息。

2. 我们拨通了广东某照明电器有限公司办公室的电话，接电话人自称是公司负责人。我们问他们公司所生产的护眼灯执行什么标准，他回答说具体的东西他都不清楚，于是给了我们苏州部门负责人的电话。我们电话联系了该经理，他说，他们所生产的护眼灯，是在普通电灯频闪只有 50 次的基础上提高到了上千次甚至是几千次，提高了台灯频闪的次数，也就让我们的眼睛看东西的时候，不会觉得灯光一直在跳，让频闪接近日光的感觉，并且也提高了灯光的柔和度，看书的时候不会觉得是那么的刺眼。我们再问他们生产的护眼灯是执行何种标准，或者是否有关行业或者国家在这方面的规定、标准或者规范时，他回答说，据他所知并没有这样的标准，但是现在有不少企业就是这样来做的，所以他们也就这样做的，并没有其他的什么硬性规定。

在接下来与其他九家护眼灯生产厂家的联系中，他们的回答都非常的模棱两可，没有给出明确的答复，只是都在反复的强调，他们生产的护眼灯和普通的日用台灯还是有很大的区别的，对眼睛的保护效果肯定是比普通的台灯好的，但每次当我们问到好在哪里的时候，他们都说不出个所以然来。

（四）护眼灯的行业管理

我们联系了有关行业的专家和质量监督机构，如中国照明学会、深圳照明学会、中国质量网、中国质量认证中心、江苏省苏州市质量监督局等单位的负责人来寻找这个问题的答案。

1. 中国照明学会有关负责人说：据他所知，国家到现在还没有出台过有关护眼灯的生产标准，这样的说法只是一些生产台灯的厂家自行命名的。

在我们所了解到的 11 家护眼灯生产厂家，其中有 6 家是广东省的，在我们的调查范围内，广东省出产的护眼灯在苏州市场的占有率超过了 50%，这不能不说是一个很大的比例了。在这样的情况下，我们联系了深圳照明学会的有关负责人，他回答我们说：他们也了解这样的现状，但是国家和行业关于护眼灯并没有颁布过标准或者规范，这些企业都有自己的操作方式，所以他们也不便于做这方面的工作。但是因为厂家所生产的护眼灯的频闪如果真的是接近日光的话，那么对眼睛理论上讲应该是有一定效果的。

2. 关于护眼灯是否有生产或者验收标准的问题，中国质量认证中心认证办公室有关负责人说：护眼灯、台灯、日光灯等在灯具方面做质量认证的时候，有三种认证标准，一是 3C 认证（CCC 认证），其中文名称为“中国强制性产品认证”，国内没有通过 3C 认证的企业的产品将不得出厂和销售，国外没有通过 3C 认证的产品将不得进入中国市场。二是 CQC 认证，CQC 认证证书也被称为中国质量认证中心自愿性产品认证合格证书，是证明产品符合中心自愿性产品认证要求和许可认证合格产品使用认证标志的法定证明文件。CQC 是产品在不能做 CCC 的情况下，进行自愿性的产品认证。三是质量、安全体系的普通标准了，这个是所有产品都需要遵守的。

据相关质量监督局的介绍：苏州市到目前为止还没有生产护眼灯的厂家做过登记，而他们也确实听说市面上有许多牌子的护眼灯，但是只有符合了普通的质量认证标准，那么都可以正常上市。他们标准科也从来没有收到有关国家或者是行业内的护眼灯生产所需执行的生产或者出品的标准、规范等。现在商家大打护眼灯的牌子，其实是没有什么依据的，他们只是在提高了灯具的频闪次数，可能把原来只有 50Hz 的提高到了几百甚至是上万 Hz，使得此灯的视觉效果和日光很接近，于是商家就说他说生产的是护眼灯。该单位的执法人员也介绍说，“护眼”是个功效概念，目前国家标准对灯具的安全性有强制性要求，此外还有以提供舒适照明为主体要求的推荐性标准，厂商提出“无闪烁”、“护眼”等并无充分科学依据的概念进行商业炒作，是造成目前护眼灯市场混乱的主要原因。导致近视的因素是错综复杂的，其中用眼姿势、用眼环境、灯光暗亮以及遗传、营养因素、个人卫生习惯等等都与近视有关。其实，无论使用什么灯看书学习，都不会对眼睛起到保护作用，家长在为孩子选购护眼灯时不要被“无频闪保护眼睛”所误导。“无频闪”只是厂商炒作出来的一个概念，是为了迎合消费者保护孩子视力的心理而制造的一个卖点。

（五）小结

综上所述，目前市场上所销售的护眼灯，只是商家炒作出来的一个概念，是为了迎合消费者保护视力的心理而制造的一个卖点。“护眼”是个功效概念，商家所生产的护眼灯，只是在普通电灯频闪只有50Hz的基础上提高到了上千Hz，甚至是几千Hz，提高了台灯频闪的次数。目前国家标准只对灯具的安全性有强制性要求，此外还有以提供舒适照明为主体要求的推荐性标准，厂商提出“护眼”等概念并无充分科学依据。而护眼灯对使用者是否能真的达到护眼的效果，还有待进一步研究。

第五章 光环境调查问卷

第一节 光环境调查问卷方法与内容设计

问卷调查是社会调查的一种数据收集手段。当一个研究者想通过社会调查来研究一个现象时，他可以用问卷调查收集数据，也可以用访谈或其他方式收集数据。问卷调查假定研究者已经确定所要问的问题。这些问题被打印在问卷上，编制成书面的问题表格，交由调查对象填写，然后收回整理分析，从而得出结论。从问卷调查的实际应用来看，可以分为学术性问卷调查或应用性问卷调查。前者多为学校或研究机构的研究人员所采用，后者则由市场调研人员或其他机构的人员所采用，来解决实际中的问题。

为了解民众对光污染的认知程度、受到光污染的影响情况，以及民众对光污染立法的期望和要求，针对目前光污染的现状及人们对光污染的态度等设计了调查问卷，几次调查中，问卷稍有改动。问卷使用无记名作答、选择的形式，为保证问卷的真实性和可信度，问卷调查选取较有代表性的地点，采用随机抽样，即时填写即时回收的方法进行。问卷以主观的封闭式的问题为主，主要调查和结构如下：

一、被调查者的基本情况：本部分旨在了解被调查者的个人基本情况，为以后分析不同行业、不同层次、不同年龄的人受到光污染影响情况做准备。

二、被调查者对光污染的认知情况：本部分旨在了解被调查者对光污染的认识情况及他们身边发现的光污染源。

三、被调查者受到光污染的影响情况及对光污染的态度：光污染对人的影响程度受人的年龄、职业、工作场所限制，本部分旨在了解不同年龄、层次、地区的被调查者受光污染的影响及对待光污染的态度。调查包括对道路、居住区及夜景照明情况的调查。人群包括学生和普通居民对光污染的了解程度以及是否曾受到不恰当的照明影响进行调查。其中居民住宅小区的调查问卷主要是调查人们对生活的光照环境的重视程度、对小区夜间照明的满意程度以及对光污染现象的认识等，从侧面反映居民住宅区的照明水平。

四、对光环境管理的期望和意见：本部分旨在了解接受调查者对具体场所地点的照明状况的看法和建议，获取人们对光环境现状的看法及对光环境管理的意见。

在对连云港青口镇和苏州高新区浒墅关镇的问卷调查中，对问卷主体部分的设计运用“逐级递进，分层深入”的设计思想，分为四个层次。

第一层次，从近年一些重大、典型的环境问题例如“太湖蓝藻水污染”事件和“大气（空气）污染”事件入手，引入“光污染”一词，主要是了解居民的“光环境”尤其是“光污染”意识的大致情况。

第二层次，通过给出通俗易懂化的“光污染”定义，意在使被调查者在脑中初步形成条件反射印象，在选项中勾出属于自己理解的“光污染”实例，进而进一步的能自主回忆出过去经历中一些光污染印象，对光污染有一个初步的感性认识。

第三层次，通过被调查者、从侧面了解城镇光环境现状的重要部分。具体题目在被调查者回忆的基础上对玻璃幕墙、夜晚道路交通照明、商业集中区、居住区及学校等地光环境情况进行定性评价。

第四层次，这个认知层次建立在前些基础之上，对光污染有了较为感性的把握。从“自主关注光污染，自主思考光污染”的角度出发，分别设问被调查者在买房时怎样关注周边光环境状况和日常怎样认知、宣传并维护光环境的具体措施、行为及对实施光环境管理的意见。

第二节　城市光环境问卷调查实例

2004 年 5 月至 2008 年 10 月，因不同课题先后完成了 7 次问卷调查，其中苏州 3 次，完成有效问卷分别为 100 份、300 份、153 份，江阴、泰州、安徽滁州市和河南郑州市各 1 次，分别完成有效问卷 152 份、100 份、152 份、258 份。问卷总体情况见表 5-1。

主观问卷总体情况　　**表 5-1**

调查时间	城市	地　点	对　象	问卷份数
2004.5	苏州	新升新苑、石路商业街、观前步行街、苏州大学、科大本部、科大石湖校区、狮山路经贸大厦、新区管委会行政管理中心	市民	100
2006.5～7	苏州	石路步行街、观前街、苏州科技大学、百润发何山店、金鸡湖、长江路、滨河路	市民	300
2007.4～5	苏州	苏州大学、苏州科技学院、苏州广播电视大学、苏州园区职业技术学院、苏州职业大学	高校学生	153
2007.4～5	江阴	虹桥小区、花园小区、东海花园、大桥花园、名雅居以及双牌小区	市民	152
2007.4～5	泰州	城区	市民	100
2007.4	滁州	滁州市第一高级职业中学	中学生	152
2008.10	郑州	绿城广场、二七广场、人民公园、紫荆山公园、碧沙岗公园、郑东新区中心公园、部分小区	市民	258

人们对光污染的了解情况见表 5-2。在所有的被调查者中有 19% 从未听说过光污染，说明大多数被调查者都知道有光污染的存在，然而有近 52% 的被调查者选择了选项“听说过，但不了解”，这又说明了虽然大多数被调查者知道光污染，但是大家对光污染的了解程度还有待提高。

光污染了解情况　　**表 5-2**

调查时间(地点)	从未听说过	听说过，但不了解	了解一些	比较清楚
2004.5(苏州)	46		54	
2006.5～7(苏州)	101		199	
2007.4～5(苏州)	19	20	66	48

续表

调查时间(地点)	从未听说过	听说过,但不了解	了解一些	比较清楚
2007.4～5(江阴)	39	61	50	2
2007.4～5(泰州)	6	45	40	9
2007.4(滁州)	15	78	59	0
2008.10(郑州)	49	134	57	18

一、苏州市

(一) 苏州市问卷调查1 (2004.5)

1. 被调查者的基本情况

此次被调查者的年龄分布都在16岁以上，职业基本分布各个行业，文化程度基本在高中以上。68%被调查者的工作主要场所在室内，32%在室外。

2. 调查者对光污染的认知情况

调查过程中发现被调查者46%不知道光污染，虽然得知光污染的途径问题中有38%的被调查者选择的是通过环保宣传，但几乎一半的人对光污染一无所知，这就足够说明有关光污染的环保宣传力度还有待加强。而只有4%的被调查者是通过媒体得知光污染的，说明媒体对光污染的重视程度还不够，曝光率不够高。

10%的被调查者生活环境周围装有强反光性材料的高楼，28%的被调查者住所附近有较大面积的霓虹灯和不合理的建筑、景观照明，6%的被调查者会受到广告灯箱的影响。46%的被调查者受到过耀眼的街灯、车灯、信号灯等的影响。

3. 被调查者受到光污染的影响情况及对光污染的态度

在考察当被调查者受到光污染影响后会持何种态度时，36%的被调查者选择忍受，28%的被调查者会坚持当面交涉，28%的被调查者会进行投诉，另外8%会想到控告。但目前无法可依，群众的问题还是不能得到完全解决。因此建立光环境管理的有关法规是必要的。

人们重视室内的装饰美化，选择灯具讲究豪华气派，32%和44%的被调查者在购买灯具时分别主要考虑了价格和美观，仅6%的被调查者选择亮度。这说明绝大多数人对室内照明的规范还不太了解。乐观的是有88%的被调查者会把光污染列为在购房时的考虑因素，说明人们还是期望有个健康安全的光环境。

4. 对环境管理的期望和意见

有46名被调查者回答了规定的答题外，还提出了48条宝贵意见。诸如有一位被调查者希望能研究出装饰效果同玻璃幕墙又不至于产生光反射折射污染的建筑材料；还有些建议建筑师们在考虑建筑美观的同时能考虑对周围建筑的影响，不至于因遮挡而造成光照妨碍；更多是建议加强法制建设和教育宣传。

(二) 苏州市问卷调查2 (2006.5～7)

1. 被调查者的基本情况

被调查者的职业基本分布各个行业，文化程度涉及初中到本科以上各个层次，其中高中及以上文化的占到90%。81.7%被调查者的工作主要场所在室内，10%在室外。

2. 调查者对光污染的认知情况

被调查者有101人不知道光污染，占33.7%。在知道光污染的人群中，得知途径为媒体报道、环保宣传、亲身体验的比例分别为39.2%、30.2%、26.1%。14%的被调查者住所周围装有强反光性材料的高楼，23.7%的被调查者住所周围有较大面积的霓虹灯火广告灯箱，而受到刺眼的街灯、车灯、信号灯等影响的被调查者达到30%。

3. 被调查者受到光污染的影响情况及对光污染的态度

在选择知道光污染的199名被调查者中，22.1%的人未受到过光污染影响，70.9%的被调查者受到轻微影响。除此之外，有58.3%的人听说过周围有人遇到光污染。可见，苏州光污染问题已较为明显，对多数人产生了一定影响，但影响尚不严重，但并不能排除有些人还没认识到自己所受到光污染影响的程度。

在考察当被调查者受到光污染影响后会持何种态度时，42%的被调查者选择忍受，25.3%的被调查者会与当事人交涉，11.3%选择向媒体反映，22%的人会进行投诉。选择忍受的人还占有相当大的比例。

有72.3%的被调查者会把光污染列为在购房时的考虑因素，说明人们还是期望有个健康安全的光环境，但是其中有一部分是目前尚不知道光污染的人群。

4. 对环境管理的期望和意见

对光污染问题，44%的人认为应加强监控与管理，其次是选择加强宣传教育，为37.3%，选择建立法律法规和防护措施投入的分别为24.3%和23%。这表明，目前对光污染问题的监控和管理有待提高，只有在定量的监测后才能够对该问题有较为明确的认识。要不断加强宣传教育，才能使更多的人认识到该问题。当然，出台相应的光环境管理条例也是很必要的。

（三）苏州市问卷调查3（2007.4～5）

在此次针对高校学生的问卷调查中一共设置了12道题，其中有10道题是主要涉及白天采光、夜间室内照明和室内用灯状况。

1. 在大家是否意识到光污染这个问题上，收回来的问卷显示：在22个研究生中有4人选择了解，12人选择简单了解，其他人都选择了不知道或没有听说，了解情况达到72.7%；在41名本科学生中，有13人选择了解，19人选择简单了解，其他人都选择了不知道或没有听说，了解情况达到78.0%；在90名大专学生中，有31人选择了解，35人选择简单了解，其他人都选择了不知道或没有听说，了解情况达到73.3%。

2. 在了解被调查者对光污染的了解程度的基础上，列举了五个场景，让被调查者判断哪些是属于光污染现象（五个场景分别为：①舞厅内的灯光②玻璃幕墙的反射光③夜间卧室内射入的路灯④隔壁房间折射过来的灯光⑤彩色的广告灯箱）。在153人中有108人是选择了玻璃幕墙的反射光，大部分人认为玻璃幕墙的反射光对人们的生活是有一定影响的。其次是舞厅内的灯光，彩色的广告灯、卧室内射入的路灯等，这几个选项的选择人数都不在少数，说明大家都有意识到我们平时生活中的光污染现象。

调查中还涉及被调查者对宿舍内用灯情况及采光的了解，还对被调查者的光污染意识进行调查。总体来讲，学生对光污染的意识达到良好。

二、江阴市（2007.4～5）

（1）在全部调查范围内的居民中，有41%的居民听说过，但不了解光污染，而33%

的居民对光污染了解一些，还有26%的居民从未听说过光污染。

(2) 针对给出的会造成光污染的原因，152个被调查者中：48人选择夜晚迎面驶来的汽车，车灯耀眼，40人选择广告招牌、霓虹灯闪烁夺目的光芒，68人选择城市里建筑物的玻璃幕墙反射的光线，34人选择城市里夜间使用的泛光照明。

(3) 对于夜晚室外太亮是否影响睡眠情况的调查结果是：92人从未有过，54人有过，次数不多，6人经常。

(4) 有39%的居民认为自己居住的小区的照明环境适中，被调查的居民中的32%认为小区的照明环境还不够亮，偏暗了些，认为偏亮的有17%的居民，认为太亮的仅为1%。

(5) 有44%的居民认为他们居住的小区照明要明亮点，45%却希望不要太亮，这两者分别占相对的两方，而希望照明很明亮的比希望黑暗的多出5个百分点，分别占8%和3%。

江阴市现在的小区居民对光污染的了解程度大部分只是停留在听说过但不了解的地步，这些居民主要是一般的白领、教师、学生等，相当一部分的居民对光污染了解一些，仍然有四分之一的居民从未听说过光污染。

最大比例的人（四成半）认为玻璃幕墙反射能引起光污染；而由于夜晚室外太亮经常影响睡眠的仅占4%，大部分（六成）从未受到过其影响；四成的居民认为自己居住的小区的照明环境适中，三分之一的被调查者认为小区的照明环境还不够亮，偏暗了；希望居住的小区照明要更加明亮和希望不要太亮的均占四成半。

三、泰州市（2007.4～5）

每张问卷都设计了10个问题，其中居民住宅小区的调查问卷主要是调查人们对生活的光照环境的重视程度、对小区夜间照明的满意程度以及对光污染现象的认识等，从侧面反映居民住宅区的照明水平。

(1) 总体上看，有85%的人听说过光污染，但只是单纯听说或者初步了解，非常了解的人有9%，6%的人不知道。

(2) 从居民的问卷调查中可以看出，92%的人重视生活的光照环境，7%的人没想过，1%的人不重视，62%的人觉得自己的居住小区夜间照明情况明亮，24%的人认为夜间照明情况不太亮，14%的人认为照明黑暗，78%的人希望自己的居住小区夜间照明微亮，82%的人对小区照明情况满意，13%的人有过因室外照明过亮而无法入睡的经历，75%的人认为光污染对居民生活的危害程度一般，21%的人认为危害程度严重，4%的人觉得危害程度轻微。

泰州的居住小区的照明情况大体良好，很多居民虽然重视自己生活的光照环境，但是对身边光环境的好坏没有科学的评价，大多凭借个人的心理喜好，随意性比较大，有些居民关注光环境，却缺乏对光污染的正确认识，因此，宣传关于城市光环境的科学知识是十分必要的。

四、滁州市（2007.4）

此次调查问卷的题目可分为两种类型，第一种是对中学生们的光污染意识即对光污染的了解程度以及是否曾受到不恰当的照明影响进行调查；第二种是对滁州市道路、居住区及夜景照明情况的调查。

(1) 听说过光污染但并不了解的学生数最多，占总人数的51.3%，其次是了解一些的人占到38.8%，而从未听说过光污染的有15个人，占到近10%，却没有一个人对光污染非常了解。由此可以看出，知道光污染的人是很多的，但对光污染了解较深的还比较少。从了解光污染相关信息的途径中也可以看出，绝大部分的人都是通过报纸、杂志、电视、广播、网络这些日常生活中的媒体或是通过身边的家人、朋友或同学认识了解光污染的。而通过这些途径传达的光污染信息往往都是以新闻事件的形式，所以介绍的程度一般也都较浅。还有一小部分的人是通过书本或是学习工作中接触到和光污染有关的知识信息。

(2) 在对光污染认识方面的调查显示，人们对玻璃幕墙反射太阳光造成的光污染的认知程度最大，占到41.1%。其次是商场、酒店上的广告灯、霓虹灯等产生的彩光污染，占到近三分之一。而认为城市室外夜间照明使天空亮度提高和迎面驶来的汽车车灯耀眼是光污染现象的人数较少。这也从一个侧面反映出目前报刊、网络、电视等新闻媒体关注光污染的角度。

(3) 在人们受到光污染影响情况的调查方面，有近一半的人曾因室外照明过亮而影响夜晚的正常入睡，其中还有7人会经常出现这种情况。反映出一些住宅小区内的路灯设置及亮度存在一定的问题并会给一些人的正常生活带来影响。

滁州市目前大部分人已经具有一定的光污染意识，但对光污染的认识程度较浅，还不够全面，关注更多的往往是室内光环境（也许是学生的原因）。住宅小区的照明情况不是很好，一些居住区出现照明亮度不够的情况，对晚上出入的行人的安全造成了隐患，这也使得大部分人希望自己居住地区的室外光环境更为明亮，把关注点放在了单纯提高亮度上了，而忽略了亮度过高可能带来的负面影响。

目前滁州市照明情况总体偏暗是不足，但如果在以后进行照明工作的时候能够预先进行合理的规划和设计，就可以在提高照明水平的同时防止光污染的产生。在问卷调查的过程中，不少接受调查者也就滁州市一些具体场所地点的照明状况提出了自己的一些看法和建议。大家对主要交通道路、广场、学校的照明情况较为满意，而反映说一些住宅小区的拐角和小巷道的灯光不够明亮，有的甚至无灯，靠近郊区地带的一些居住区几乎是一片黑暗，给夜晚人们的出行带来了很大的不便。有的道路两边树木生长茂盛阻挡了部分路灯光线，使非机动车道在夜晚行车不便。应该加强夜景照明，设置一些彩灯，体现城市风貌。还有部分受调查者具有很好的环保意识，他们提出道路路灯不必过于明亮，对一些地方的灯可以选择性开放，限制开灯时间，节约能源，并知道光污染会对一些动物的正常活动造成影响，单纯加高灯杆高度可能会对周围更多的居民带来困扰。

五、郑州市（2008.10）

为了更好地了解郑州市民对目前郑州市居住区夜间光环境状况的主观感受，我们选择在郑州市的主要公园和广场进行了问卷调查，为保证问卷的真实性和可信度，此次问卷调查采用问卷随机发放，即时填写即时回收的方法进行。具体的问卷内容请见附录1.1。通过对问卷的整理和分析，我们可以从此次问卷调查中得到如下的结论：

(一) 被调查者的基本情况

此次问卷调查中被调查者的年龄分布大都在 16 岁以上，16 岁以下共有 9 人，其中 5 人为初中生，4 人为高中生。职业基本分布在各个行业，文化程度基本上都在高中以上。

(二) 被调查者对光污染的认知情况

在所有的被调查者中有 19%从未听说过光污染，说明大多数被调查者都知道有光污染的存在，然而有近 52%的被调查者选择了选项“听说过，但不了解”，这又说明了虽然大多数被调查者知道光污染，但是大家对光污染的了解程度还有待提高。这一点从第五题的统计结果中可以进一步得到证明，在我们设计的题目中，四个选项均为不同的光污染现象，然而完全选对的人数只有 39 人，占被调查者总数的 15%。

(三) 被调查者对居住区夜间照明状况的感受

居住区室外照明状况统计　　**表 5-3**

调查问题	选项	人数	所占比例(%)
您认为自己现在居住的小区夜间照明状况如何?	A 太暗了	5	2
	B 偏暗了一些	77	30
	C 适中	163	63
	D 偏亮了一些	8	3
	E 太亮了	5	2

居住区室外照明期望情况统计　　**表 5-4**

调查问题	选项	人数	所占比例(%)
您希望自己居住的小区夜间照明情况如何?	A 黑暗	0	0
	B 不太亮	152	59
	C 明亮	106	41
	D 很明亮	0	0

居住区室外照明满意程度统计　　**表 5-5**

调查问题	选项	人数	所占比例(%)
您对自己所在小区的夜间照明状况的满意程度如何?	A 很不满意	5	2
	B 不太满意	88	34
	C 比较满意	162	63
	D 非常满意	3	1

居住区夜间照明状况调查，见表 5-3～表 5-6。通过对调查问卷的整理，我们发现大多数（63%）郑州市民认为自己居住小区的夜间照明亮度适中，与此同时，有 30%的被调查者认为自己居住小区的夜间照明偏暗了一些，这又说明还有相当部分的居住小区需要改善其夜间照明。有近 60%的被调查者希望小区的夜间照明能够“不太亮”，说明大多数的市民希望小区的夜间照明能够满足人们夜间出行的需要，同时又不影响人们的正常休息。对于小区内的照明是否节能，有 67%被调查者认为比较节能，其他 30%的被调查者认为不太节能，还有 3%的被调查者认为很不节能。在对小区夜间照明的总体满意度上，有 63%的调查者对自己小区夜间照明总体状况比较满意，34%的被调查者不太满意，“非常满意”和“很不满意”的调查者所占比例很少。

（四）被调查者对目前郑州市夜间照明环境的总体感受

郑州市夜间照明情况统计　　表 5-6

调查问题	选项	人数	所占比例(%)
您认为目前郑州市的夜间照明环境如何?	A 太暗了	0	0
	B 偏暗了一些	10	4
	C 适中	145	56
	D 偏亮了一些	95	37
	E 太亮了	8	3

56%的被调查者认为目前郑州市的夜间照明亮度适中，然而有 40%的被调查者认为目前郑州市的夜间照明“偏亮了一些”或者“太亮了”，这说明目前郑州市的夜间照明有逐渐变亮的趋势，光污染现象也很可能已经出现。

（五）被调查者因室外照明太亮而影响夜间正常休息的调查

67%的被调查者选择了“有过，次数不多”，30%的被调查者选择“从未有过”，其余 3%的被调查者选择“经常有这样的情况”。这就说明了大多数的被调查者，或者被调查者的家人和朋友都有过因为小区室外照明太亮而影响夜间正常休息的经历。

第三节　乡镇光环境问卷调查实例

2006 年 9 月至 2008 年 5 月，因不同课题先后对吴江市黎里镇、昆山市巴城镇、苏州市高新区浒墅关镇和连云港市青口镇四个乡镇进行了问卷调查，分别完成有效问卷 22 份、100 份、152 份、258 份。问卷总体情况见表 5-7。

主观问卷总体情况　　表 5-7

调查时间	城　市	地　点	问卷份数
2006 年 9 月	吴江市黎里镇	黎里镇黎民南路、浒泾北路、浒泾南路等	22
2006 年 12 月	昆山市巴城镇	巴城镇新澄路、景城路、湖亭路等	28
2008 年 5 月	苏州高新区浒关镇	浒关镇北路、新浒街、北津路、浒杨路等	53
2008 年 5 月	连云港市青口镇	华中路、文化路、环城北路、镇海路等	56

一、苏州市高新区浒墅关镇

在对浒墅关镇实施调查问卷过程中，向政府机关、企事业单位等人员及部分住宅区居民共发放 55 份纸质问卷，收回有效问卷 53 份。2 份无效问卷均为“完全不了解”光污染而自动放弃作答者所执的问卷。该调查时间为 2008 年 5 月，调查问卷见附录 1.2。

本次问卷调查中，被调查者的年龄段以 25～35 岁和 45～55 岁居多，分别占到 33.9%和 32.1%。被调查者的文化水平状况以高中水平居多，占 49.1%。

问卷主体部分，第一层次的问题，有 21 人一般的了解光污染这个现象，占到被调查人数的 39.6%，并有 4 人不知道光污染现象，占到 7.5%。说明光污染现象已经在社会上引起了一定的关注，但是了解光污染的人数相对较少，说明这一地域光污染现象很少，或居民在这方面的意识有待提高。

第二层次是通过表述一个通俗易懂化的“光污染”定义，使被调查者对光污染有一个初步的感性认识，在此基础上，对有关光污染实例进行确认。经过定义初步阐述后，对所有的六项全部确认的有11人；确认五项的有22人。这六个选项全部为光污染的范畴，分别包括了白亮污染、人工白昼和彩光污染。能够确认四项及以上的人数占84.9%，充分说明，在给出“什么是光污染”的讲述后，绝大部分被调查者能够自主地凭借着较高的悟性得到理解。

第三层次，涉及日常生活经历，是调查的重点方面，对调查本镇的光环境状况具有较为直观的价值。

据对浒墅关镇玻璃幕墙的调查题中反映，“经常有”的仅有3人，15.1%的人选择“偶尔有”，24人则选择“没有过”，占45.3%。说明浒墅关镇街区内存在的玻璃幕墙光污染现象很有限，玻璃幕墙的数量控制在了污染底线下。

对于浒墅关镇内主要道路的光照质量状况，问卷反映出有32人选择“过暗”和“偏暗”选项，即60.4%的被调查者认为道路照明质量不高，照明均匀度不高，甚至存在光照过暗的路段。

问卷第六题主要是针对夜间商业、娱乐休闲区的灯光照射状况，包括广告照明里的静态、动态霓虹灯照明、灯箱照明及投光照明设施等。有60.4%的人认为这些区域内存在刺眼的灯光，会对人的视觉产生短暂性的干扰。

涉及夜间住宅区内的光环境的问题结果显示，17%的人反映住区内无路灯，13.2%的人反映住区内有路灯但从未亮过，50.9%的人反映住区内有路灯并且有管理的亮。43.4%的人认为住区内的路灯光照偏暗，45.3%的人认为光照适度。

第四层次，是被调查者在心中初步有了“自主关注光污染，自主思考光污染”的思想后，所反映出的更高层次的调查。有24.5%的人会在购置新房时很重视对周围光环境的勘察。最后，有近88.7%的被调查者认为注重光环境要从以下六个方面中的至少四个有效方面着手。六个主要方面包括：加强宣传教育，人们的意识上要重视光污染问题；加大防护措施的投入；加强群众的监督；健全法律规范，有法可依、违法必究；重视对光环境的规划设计，限制不合理性；建立专管部门，接受群众投诉。

二、吴江市黎里镇

调查时间：2006年9月。地查地点：黎里镇黎民南路、浒泾北路、浒泾南路等。收回有效问卷22份。

(一) 被调查者的基本情况

被调查者的年龄分布都在16岁以上，并分布在16岁以上的不同年龄段中。被调查者分布在多个行业，其中工人和商人最多，均占36.4%。文化程度初中、高中最多，分别占36.4%、45.5%。72.7%的被调查者工作主要场所在室内，22.7%在室外。

(二) 调查者对光污染的认知情况

对于光污染，有17人选择知道一些，占77.3%，其中有一些是在本调查中才知道的，22.7%的选择完全不知道。得知光污染的途径问题中选择亲身体验、媒体报道、环保宣传的分别为36.4%、18.2%、13.6%，说明有关光污染的环保宣传力度还有待加强。媒体对该问题重视程度也不够高。对于光污染源问题，有40.9%被调查者住所周围有刺眼的街灯、车灯、信号灯等，选择有强反射材料高楼的有2人，较大面积的霓虹灯或广告灯箱的有2人，均占9.1%，有一半的人选择没有。这说明该镇夜间存在光污染问题，但并不严重。

在选择完全不知道光污染的5位被调查者中，有1位听完讲解后继续答题，其他4位放弃继续答题，问卷即结束。

（三）被调查者受到光污染的影响情况及对光污染的态度

被调查者中，对光污染的危害，有12人选择知道一些，占55.6%，1人选择很了解，5人选择完全不知道。有50%的被调查者受到轻微光污染影响，选择未受到、较严重、严重的分别有3、3、1人。有9人听说过周围有人遇到光污染，占40.9%。

面对光污染，有40.9%的被调查者选择忍受，选择与当事人交涉、向媒体反映、进行投诉的分别占9.1%、13.6%、18.2%，可见，很多人尚不知如何处理光污染问题，即使有一定量人群知道拿起法律武器保护自己，但目前无法可依的状况还是个问题。因此建立光环境的管理条例是有必要的。58%的被调查者回答受到轻微影响，即目前苏州的光污染还未严重影响人们的生活、工作，但不排除有些人还没认识到自己所受到污染的程度。

（四）对环境管理的期望和意见

68.2%的被调查者把光污染列为购房时的考虑因素。45.5%的人认为本镇光污染问题一般，3人认为不严重，5人认为较严重，分别占13.6%、22.7%。54.5%的被调查者认为要治理光污染，目前亟需做的是加强监控和管理，31.8%的选择防护措施投入，22.7%的选择加强宣传教育，4.5%的选择建立法律法规。数据表明，被调查者对治理光污染问题，还停留在防护的层面上，说明了自我防护意识较高。

调查中还有人提出“有些地方路灯太少”的说法，这问题在实际调查中也大量存在。由于时间紧张，本问卷样本量较少，只能反映镇上一部分人的看法，可能存在一定偏差。

三、昆山市巴城镇

调查时间：2006年12月。调查地点：巴城镇新澄路、景城路、湖亭路等路。收回有效问卷28份。

（一）被调查者的基本情况

问卷中的各年龄段在实际调查的人群中都有所体现，其中以16～25岁的人数最多，占调查总人数的43%。被调查者的职业分布在多个行业，其中工人最多，占50%。文化程度初中和高中最多，分别占57%、29%。50%的被调查者的主要工作场所在室内，36%的被调查者的主要工作场所为室外，其他14%的被调查者选择了其他。

（二）调查者对光污染的认知情况

对于光污染，有16人选择了不知道，占总人数的57%，超过了调查总人数的一半，说明光污染在当地的认知程度比较低。在知道光污染的调查者中，他们获知光污染的途径中环保宣传、媒体报道、亲身体验分别占17%、42%、25%，说明媒体是人们获知光污染知识的一个重要途径。对于光污染源问题，有21%的被调查者选择装有强反光性材料的高楼，32%的被调查者选择较大面积霓虹灯或广告灯箱，18%的被调查者选择了刺眼的街灯、车灯、信号灯等，还有一半的被调查者选择了都没有，说明该镇的夜间光污染现象并不严重。

(三) 被调查者受到光污染的影响情况及对光污染的态度

被调查者中，对光污染的危害，有 22 人选择知道一些，占 78.6%，1 人选择很了解，5 人选择完全不知道。有 38%的被调查者受到轻微光污染影响，选择未受到、较严重、严重的分别有 3、5、0 人。有 8 人听说过周围有人遇到光污染，占 61.5%。

面对光污染，有 64.3%的被调查者选择忍受，选择与当事人交涉、向媒体反映、进行投诉的分别占 17.9%、7.1%、10.7%，可见，很多人尚不知如何处理光污染问题，即使有一定量人群知道拿起法律武器保护自己，但目前无法可依的状况还是个问题。因此建立光环境的管理条例是有必要的。38%的被调查者回答受到轻微影响，即目前苏州的光污染还未严重影响人们的生活、工作，但不排除有些人还没认识到自己所受到污染的程度。

(四) 对环境管理的期望和意见

78.6%的被调查者把光污染列为购房时的考虑因素。50%的人认为本镇光污染问题一般，42.8%认为较严重，另有两人认为非常严重。50%的被调查者认为要治理光污染，目前亟需做的是加强监控和管理，21.4%的选择防护措施投入，42.9%的选择加强宣传教育，28.6%的选择建立法律法规。在个人意见栏中，有被调查者写到希望有关部门加强管理。由此看来，大家非常希望能够对光污染进行有效的管理。

四、连云港市青口镇

在对青口镇实施调查问卷过程中，向在校高中学生及其部分家长、政府机关、企事业单位等人员共发放 60 份纸质问卷，问卷使用无记名作答、选择判断的形式。收回有效问卷 56 份，4 份无效问卷均为“完全不了解”光污染而自动放弃作答者所执的问卷。该调查时间为 2008 年 5 月，调查问卷见附录 1.3。

问卷调查中，被调查者的个人基本信息包括年龄、文化程度和从事职业三项。由于有效样本数量有限及不是真正意义上的随机调查，所以数字统计结果只能代表城镇大部分居民的情况。

问卷调查中，被调查者的年龄段以 15～25 岁居多，占到 46.4%；其次是 25～35 岁的人群，占 33.9%。被调查者的文化水平状况以高中水平居多，占 57.1%。

问卷主体部分第一层次的问题，有 41 人一般的了解光污染这个现象，占到被调查人数的 73.1%，并有 5 人不知道光污染现象，占到 8.9%。说明光污染现象已经在社会上引起了一定的关注，其中学生的关注度较高，对以后人们对光污染的预防及控制起到积极的作用。

第二层次对有关光污染实例进行确认。经过定义解释后，对所有的六项全部确认的有 12 人，占 21.4%；确认五项的有 14 人，占 25%。这六个选项全部为光污染的范畴，分别包括了白亮污染、人工白昼和彩光污染。能够确认四项及以上的人数占 87.5%，充分说明被调查者对定义的理解有着较高的准确性和悟性。

第三层次，为此次实情调查的重点方面，涉及日常生活经历，对调查本镇的光环境状况具有较为直观的价值。

据对青口镇玻璃幕墙的调查题中反映，有 12.5%的人选择“经常有”，28.6%的人选择偶尔有。说明青口镇街区内存在一定的玻璃幕墙光污染现象，并且已经引起一部分人的关注。

对于青口镇内主要道路的光照质量状况，问卷反映出有35人选择“过暗”和“偏暗”选项，即62.5%的被调查者认为道路照明质量不高，照度偏暗。

问卷第六题涉及商业、娱乐休闲区的灯光照射状况，主要是针对夜间这些集中活动区内的广告照明，包括静态、动态霓虹灯照明、灯箱照明及投光照明设施等。有64.3%的人认为这些区域内存在刺眼的灯光，会对人眼造成伤害。

涉及夜间住宅区内的光环境的问题结果显示，14.3%的人反映住区内无路灯，17.9%的人反映住区内有路灯但从未亮过，48.2%的人反映住区内有路灯并且有管理地亮，48.2%的人认为住区内的路灯光照偏暗，39.3%的人认为光照适度。

特别为学生设计的一道关于教室照明状况的问题显示，39.3%的学生认为教室照明状况较理想。

第四层次，是被调查者在心中初步有了“自主关注光污染，自主思考光污染”的思想后，所反映出的更高层次的调查。有26.8%的人会在购置新房时很重视对周围光环境的勘察。最后，有近95%的被调查者认为认为注重光环境要从以下六个方面中的至少四个有效方面着手。六个主要方面包括：加强宣传教育，人们的意识上要重视光污染问题；加大防护措施的投入；加强群众的监督；健全法律规范，有法可依、违法必究；重视对光环境的规划设计，限制不合理性；建立专管部门，接受群众投诉。

第六章　光环境现状问题总结与分析

第一节　光环境现状问题总结

通过几年来在十几个城市和乡镇的实际调查研究，我们对目前我国城镇照明建设的发展状况和照明建设导致的光污染问题有了更清晰的认识和理解。在对不同城镇光环境现状分析研究的基础上，我们对目前我国的主要光环境问题进行了一些总结，主要有以下几个方面。

一、光污染现象严重

（一）玻璃幕墙的光污染现象比较严重

玻璃幕墙是一种形态光洁新颖的建筑外墙装饰，具有现代建筑简洁光亮的显著特征，在我国城市建设中得到了广泛应用，由此产生的光污染也比较普遍。

我们在实际调研中发现，总体上经济发展水平较高的城市中的玻璃幕墙问题较为严重，比如苏州市的玻璃幕墙光污染就比郑州市要普遍。苏州工业园区和高新区都是 20 世纪 90 年代开发建设的，玻璃幕墙应用极为广泛，而且以高于 10 层的高楼为主。工业园区的苏绣路上几乎都是高层；高新区的狮山路上的玻璃幕墙是高层低层数量各半，但高层的面积要大得多；而金阊区、沧浪区和平江区这老三区，主要以低层建筑为主，玻璃幕墙主要出现在石路步行街和市中心人民路。苏州的各大银行与高层商厦、餐饮娱乐场所采用玻璃幕墙较为普遍。像高新区和工业园区的各大银行和大酒店，而石路步行街的各大商厦更是广泛应用玻璃幕墙。

对小城镇的调查主要在乡镇建设发展快的苏南地区，调查发现由玻璃幕墙引起的光污染虽不如大城市严重，但也普遍存在。根据在宜兴市对出租车司机做的一项调查，当太阳高度角比较小的时候，玻璃幕墙和其他高反射墙面的反光情况比较严重，反射光对道路上司机的影响比较大，根据调查的数据查得的眩光指数均较大。相对来说，吴江市黎里镇和苏州新区浒墅关镇的玻璃幕墙应用较少，多分布在道路两侧和集中商业街内。建筑高度多在 3 层及 3 层以下，白瓷片应用较多，反光对行人的影响也较小。镇内整体上高反射墙面较少，对居民生活影响不大。总体问题并不明显，不具有普遍性，不形成直接对人及物的伤害。昆山市巴城镇的强反射墙面主要分布在湖亭路、景城路、新澄路三条主要干道的两侧，并且全是蓝色或绿色的玻璃幕墙。根据实地监测的结果，这些玻璃幕墙的平均反射率都在 40%左右，超过了《玻璃幕墙光学性能》（GB/T 18091—2000）中要求玻璃幕墙的反射率应小于 30%的标准，存在明显的光污染。

（二）夜间光污染现象普遍存在

照明光源的强度、种类、数量、分布、色度等其中任一因子的不适，都可能引起光污染。光污染不仅造成电能浪费，破坏夜空环境、影响天文观测，还会危害人体健康、影响市民正常的工作与生活，造成交通事故、威胁人们的生命安全。光污染不仅影响人类，还会威胁到动植物的生存，对生态环境造成影响。

在苏州市和泰州市，投光照明广告、灯箱广告以及霓虹灯广告应用广泛，尤其是动态的霓虹灯，闪烁不定，令人眼花缭乱，彩光污染问题严重。投光照明的大量应用，尤其是在墙面反光率较低的建筑物或玻璃幕墙建筑上大量采用投光照明，不仅达不到好的照明效果，还会导致光污染，也浪费电能。苏州工业园区道路照明普遍较亮，灯具豪华，功率高，且等间距偏小。苏绣路自行车道的平均照度达到58lx，较国外标准和国内的部分研究建议值都高得多。相对而言，城镇的光污染问题相对较小。

居住小区中夜间光污染问题也有出现。对郑州市的调查发现，对于小区外侧住宅窗表面照度，可能有近30%的小区存在不同程度的光污染问题。在巴城镇，通过实际测量夜间路灯照射在居民窗户上的照度，发现崇宁路等路段路灯照射在居民窗户上的照度也不符合相关规定。例如在崇宁路西，23时后路灯照射在沿街居民窗户上的照度达12.7lx，是《城市环境（装饰）照明规范》（DB31/T 316 2004）中相关标准的3倍以上。与此同时，靠近主干道的房屋，夜间灯光照在窗户上的照度又普遍较高。对滁州市的问卷调查中，在人们受到光污染影响情况的调查方面，有近一半的人曾因室外照明过亮而影响夜晚的正常入睡。反映出一些住宅小区内的路灯设置及亮度存在一定的问题并会给一些人的正常生活带来影响。

二、光照不足与光照不均

（一）室外光环境

调查中发现，与流光溢彩的步行街、亮如白昼的休闲广场形成鲜明对比的是，一些街巷和居住小区的照明问题，却无人问津。亮化工程与部分街巷、小区的“暗化”形成鲜明对比。光照不足的街道和小区主要是老城区的修建较早的居民区和道路。

苏州市区有些长时间未整修的道路，譬如劳动路、公园路、北园路等，照明较暗，有的甚至没有路灯。有些20世纪80年代建的小区，像南环新村、彩香二村等，路灯还是直接搭在电线杆上的，照明设备陈旧，上射光线却较为严重。小区内道路上的照明只有2lx，而且小区内树木较乱，很多遮住了路灯，使得照度均匀度偏低，有的小区照度均匀度只有0.1。泰州市由于部分道路的灯具老化，出现了积尘变黑的现象，从而使得光效较低。郑州市的调查表明修建较早的小区道路照明照度值偏低。若参照建设部住宅产业化促进中心2006年发布的《居住区环境景观设计导则》（以下简称“导则”）所给的车行道路照明的平均照度值，50%的小区车行照明照度值低于标准，郑州市居住区内车行照明照度偏低的小区所占比例较大。《导则》所给的小区人行道路照明的平均照度值为10～20lx，71%小区的人行道路照明平均照度值均低于此标准值，郑州市居住区内人行照明照度偏低的小区所占比例较高。

滁州市居住区总体室外光照度水平较低，区域光环境较暗。因为大部分住宅小区内的路灯安装都是由房地产商自行安排，没有统一的规范，也没有相关部门对其进行统一要求和管理，随意性较强。造成部分小区的灯具的选用和路灯的布设不合理，而较老的小区路灯照明偏暗。在黎里镇的调查中，没有安装路灯的小区很是普遍，连人民东路上建得较晚的碧绿兰小区里也没有路灯，只靠小区外道路上的灯光照明，照度只有0.4lx。至于镇南部的老镇部分，照度不均匀现象普遍存在。在巴城镇，我们发现大多数居住小区的基础设施都不够完善，苏晋新村等小区的夜间照明主要依靠临近主要干道的灯光，因此，夜间小区的内部普遍比较黑暗，给居民在夜间的出行带来了不便。

很多城镇的调查发现道路照明普遍存在照度不均匀的现象。昆山市巴城镇的调查表明，主要道路在夜间的照度普遍不均匀，最暗处往往照度偏低，而这些最暗处又大多是在人行道附近，这必然给行人在夜间行走带来不便。连云港市青口镇的各级道路普遍存在照度低和照度均匀度均不符合标准要求，属于Ⅰ类道路（快速路）的黄海路及前宫路的路面平均照度、照度均匀度以及环城北路的路面平均照度均不符合标准，环城北路的路面平均照度仅为3.8lx。苏州市浒墅关镇属于Ⅰ类道路的苏浒路、兴贤路、浒杨路，夜间地面平均照度均小于20lx，照度均匀度均小于4.0，这两项指标完全不符合标准。

（二）室内光环境

通过调查苏州市中小学教室和高等院校的图书馆、宿舍的室内光照情况，发现在室内采光和照明方面也存在诸多问题。

在中小学的调查中主要针对教室的采光和灯管安装情况，以及自然采光和人工照明两种状态下教室内典型工作面上的照度进行测量。测量结果与相关标准进行对照发现，测量指标达标率低于80%，均不够理想。苏州新区实验小学、苏州枫桥实验小学和苏州新草桥中学的不达标或者超标的测量内容主要集中在室内各表面的反射系数。教室各表面反射系数高于标准值的情况占多数，教室内学生周围的建筑材料反光系数总体较高，学生所处的视觉环境并不理想。教室内各表面反光系数总体较高，学生们很容易受到反射光的影响。在所测量的教室中黑板和地面的反射系数均超过国家标准，学生上课时必须频繁看黑板，如果黑板的反射系数较大，即使学生眼睛感觉不到，但长此以往必定会对学生的眼睛造成不良影响。若不加以改善，必然会影响到学生的视力。

苏州中学的不达标项目主要集中在桌面平均照度值、桌面照度均匀度、黑板垂直照度值这三个方面。在人工照明方面，两教室均使用灯管裸露的灯具，容易产生眩光，影响学生的视觉环境。而老教室设备不齐全、设施陈旧，学校应改良灯具的安装布局、在灯具表面增设格栅装置、添置黑板灯、使用新型垂直升降式窗帘，及时更换和修理老旧灯具，定期粉刷墙壁、油漆黑板等，不断提高各有关指标的达标率，为学生提供安全舒适的视觉环境。

对苏州市五所高校宿舍光环境的调查表明，照度测量值与《建筑照明设计标准》中对比，学校学生宿舍的日光照明基本都达到最低标准。一楼不管是阴面还是阳面，照度值都比较低，都只是刚刚达到标准。由于一楼的宿舍都有防盗的铁栅栏，铁栅栏对日照的遮挡导致了一楼阳面和阴面宿舍的室内照度值较低。由于宿舍日光灯对书写桌面的平均照度全部低于《建筑照明设计标准》和《中小学校教室采光和照明卫生标准》中规定的书写时灯光对桌面的照度，未达标。而日光灯叠加台灯后，日光灯和台灯对桌面的照度值全部达标。

对高校图书馆室内照明情况的调查选在苏州科技学院的三个校区进行。图书馆室内照明基本采用细管径直管型荧光灯直接照明的方式，且为吸顶式布置。各校区馆室都存在灯具损坏的情况，石湖校区电子阅览室的灯具损坏率已达到25%。灯具的大量损坏明显影响了照明的强度和照明的均匀程度，虽然各校区馆室照明功率密度（LPD）都已达到标准，但照度平均值和照度均匀度普遍不达标。此外，部分室内灯具排布没有规律，调查结果表明这样的排布对照度平均值和照度均匀度都有很大的影响。

三、光源设计安装不合理

调查中出现的光照不足和光污染现象较严重的问题，在很大程度上是由于光源的设计安装不合理造成的。久未维修的道路、较陈旧的灯具、不合理的安装方式，还有树木久未裁剪，使得有些小区、道路照度不够，均匀度较低。

在光源设计上，还不注重“健康不健康”的要求。许多夜间光环境的设计缺乏专业化。在城市的亮化过程中，有些领导者和决策者缺乏专业知识，往往认为照明越亮越好，城市主干道路和广场贪大求洋，相互比亮，追求豪华，造成光污染，这一情况在调查的苏州、泰州等城市中都有所体现；在城镇的一些交通干道，路灯的安装角度存在一些问题，路灯照射方向的固定，使得一些地方不能充分照明，无法达到理想的照明效果；照明灯具及控制设备安装不合理，在调查过程中，我们发现这一情况比较普遍，例如苏州市南环新村、彩香二村的路灯是直接搭在电线杆上的，周围的树木茂密，遮住了路灯，使得小区内道路照度不均。由于灯具设计安装不合理，上射光线较为严重，不仅浪费能源，造成光污染，而且使得照射到窗户上的照度太高，会影响居民正常的作息。

有些灯具安装得不够牢固，公园的许多路灯都被摘了顶盖和灯泡，因为路灯的顶盖都是铁制品，上面的螺钉也很容易被拧掉，成为“黑手”的目标。当然这也反映了管理方面的失误，但是安装的牢固性还是很重要的。

有些城市过于注重路灯灯杆的造型，不太注意照明效果。而且有些夜间照明的灯具，其安装位置不当。苏州电视台曾报道过，苏州某街道道路上发生一起交通事故，原因是街道整改后，宽阔的道路上竟然有一根光秃秃的路灯灯杆独留在路中间，这不仅影响市容，还给交通安全造成了隐患。

四、光环境与人文环境不和谐，缺乏城市特色

夜景照明设计中，普遍存在文化品位不高，忽视照明设计与环境的和谐，单纯追求亮度，追求豪华的情况。每一个城市都有自己的习俗与文化脉络，尤其是品味各异的历史名城、古迹。可在夜景照明表现、渲染手法上，大城市模仿国外城市，中、小城市模仿大城市的现象非常严重。

对一般的城镇来说，如何在夜间光环境中体现城市历史、文化、风土人情等特征是一个值得认真研究的问题。在对无锡市的调查中发现，无锡市崇安区的照明设施主要以鲜明的现代感为主，一些高层建筑、商业建筑以及道路照明都较符合经济发达城市的定位，灯具较有现代感，照明亮度也较大，然而这样的设置却忽略了分布在该区范围内的一些古建筑等富有历史感的地块。比如在崇安区的崇安寺步行街区中，也有名人故居、古建筑，以商业街区为主的高亮度及彩光照明设施，与这些建筑的风格不甚协调。

第二节　原因分析

一、经济状况不佳

调查中发现，与流光溢彩的步行街、亮如白昼的休闲广场形成鲜明对比的是，一些街

巷和居住小区的照明问题，却无人问津。亮化工程与部分街巷、小区的“暗化”形成鲜明对比。光照不足的街道和小区主要是老城区的修建较早的居民区和道路。一些建设较早的道路、小区在当时的经济条件下，在照明设备的布置安装上存在一定问题，不能很好地照顾到充分的照明问题。由于经费的制约，对于照明的投资也有所欠缺。相应的，专业的设计、管理人才的培养和引进也不到位。使得一些道路或小区内有的路段没有路灯，或者路灯太少亮度不够，还有路灯毁坏后不能及时检修等现象，这都与经济条件有一定关系。

调查中也发现，虽然小城镇的光环境问题还不突出，但由于人们的光环境意识普遍不高，光环境建设中潜藏着不少问题。尤其在苏南经济发达地区的小城镇地区，虽然昼间存在不具普遍性的高反射墙面反光现象，但夜间路灯亮度及道路照度水平、均匀度水平与道路所属类型要求的相应指标不符，既存在光照不足，又存在光照过量带来的光污染问题。苏州市浒墅关镇的新建住区夜间光照过亮，既浪费电能，又对居民的夜间休息带来影响。为了得到满足安全、节能、环保、舒适的光环境，城镇规划、管理能力还需要继续加强，人们的光环境意识还需要提高。

二、片面追求亮化　节能意识缺乏

我国正在大力提倡建设节约型社会，而我国照明所消耗的电能约占电力总消耗的13%，这是一个相当可观的数字。通过照明节电，从而减少发电量，即降低燃煤量（目前我国70%以上的发电量还是依赖燃煤获得），以此减少 SO_X、CO_X 以及氮氧化合物等有害气体的排放量，从而降低大气污染。节约照明用电可以从照明方式考虑，有些建筑物、广场、道路的饰灯，一味地采用泛光照明，强调亮度，忽视了其表面的材质及周围的环境特点，既达不到理想的美化效果，又浪费能源。

由于有些领导者和决策者缺乏专业知识，往往认为照明越亮越好，而随着我国城市“亮化工程”的提出，城市主干道路贪大求洋，相互比亮，追求豪华，造成光污染。然而，与流光溢彩的步行街、亮如白昼的休闲广场形成鲜明对比的是，一些街巷和居住小区的照明设施不配套，还存在着路灯太少、甚至没有路灯，路灯维修不及时等现象，给人们安全带来隐患。亮化工程与部分街巷、小区的“暗化”形成鲜明对比，使得有些亮化工程成了形象工程、面子工程。一味地追求亮化，使用低效能照明设备，造成光污染的同时也浪费了能源。

三、设计规划水平有限

目前很多城市的夜间照明设计是由电气工程师或工程公司承担，有些中小城市的主、次干道道路照明设计，也由灯具供应商包揽下来，其结果往往是照度超标，而在美感方面处理不足，功能性和装饰性很难统一。很显然，夜间光环境的设计绝不应当仅仅局限于满足照度标准这个水平上。设计人员除应具有必要的专业知识外，还需要了解人的活动规律，研究人的视线方向和心理感受，对街区景观照明要考虑建筑物造型、风格、功能和特征，通过处理光与影的关系，突出建筑的形体、层次、材质颜色及细部等等，确定不同部位的亮度分布，并且还要考虑与周围环境相协调问题。

有些设计者、规划师在照明方面的专业知识不足，或对光环境与设计的紧密性认识不够，从而导致许多照明环境的设计不够专业化。规划、设计的不合理，不仅无法满足人们的照明需求，还会带来光污染等问题，并造成能源的浪费。

四、相关法规、维护管理不足

建设部发布的《公共建筑节能设计标准》于2005年7月1日开始实施后，对我国公共建筑的外窗可开启面积、玻璃幕墙占墙面的面积比例等都提出了具体限制标准。但对于其他的光污染问题，还缺少相应的法规、标准。2004年9月1日，全国首部城市照明规范上海市《城市环境装饰照明规范》正式实施，但是该《规范》却只是一部行业技术规范，不具法律强制力。从环境保护部门来讲，也缺少对光污染的明确规定，这就使得光环境处于法律的真空地带，非常难于管理。根据建设部与国家发改委2004年11月29日的文件《关于加强城市照明管理促进节约用电工作的意见》（建城［2004］204号），要求尽快制订我国防治光污染的标准和规范，在国家或地区性环境保护法规中增加防治光污染内容。建设部又于2005年8月9日下达《关于进一步加强城市照明节电工作的通知》（建城函［2005］234号），强调了在城市照明建设与改造中，要保证以道路照明为主的功能照明，严格限制装饰性的景观照明等问题。

目前对夜景照明还存在重视工程建设、轻视维护管理的现象，有些不亮的路灯没有及时进行维修，不合理的照明没有及时进行限制。路灯日常维护管理工作不到位，城市管理没有专门的用光监管部门对夜晚灯光的使用加以监督、限制。而且，一些夜间照明场所，尤其是夜间户外广告，国标还未做出相应标准规定。而有现成标准的照明场所如城市道路照明，又没有专业的管理监督机构对其进行监督管理。

五、光环境意识不高

我们在各地区对不同人群进行了有关光环境问题和光环境意识的问卷调查。总体上讲，人们的光环境意识还不够高。相对于普通人群，学生们的光环境意识显然更强一些。而大学生比中学生了解的有关知识更丰富些。

在对苏州市民的一次调查过程中发现被调查者46%不知道光污染，虽然得知光污染的途径问题中有38%的被调查者选择的是通过环保宣传，但几乎一半的人对光污染一无所知，这就足够说明有关光污染的环保宣传力度还有待加强。而只有4%的被调查者是通过媒体得知光污染的，说明媒体对光污染的重视程度还不够，曝光率不够高。在另一次调查中，结果表明学生对光污染的意识达到良好。在考察当被调查者受到光污染影响后会持何种态度时，36%的被调查者选择忍受，28%的被调查者会坚持当面交涉，28%的被调查者会进行投诉，另外8%会想到控告。

江阴市的调查表明小区居民对光污染的了解程度大部分只是停留在听说过但不了解的地步，这些居民主要是一般的白领、教师、学生等，相当一部分居民对光污染了解一些，仍然有四分之一的居民从未听说过光污染。有些居民关注光环境，却缺乏对光污染的正确认识。

滁州市目前大部分人已经具有一定的光污染意识，但对光污染的认识程度较浅，还不够全面，关注更多的往往是室内光环境（也许是学生的原因）。住宅小区的照明情况不是很好，一些居住区出现照明亮度不够的情况，对晚上出入的行人的安全造成了隐患，这也使得大部分人希望自己居住地区的室外光环境更为明亮，把关注点放在了单纯提高亮度上了，而忽略了亮度过高可能带来的负面影响。

处于不同发展阶段的城市存在不同的光环境问题，但随着经济社会的快速发展，光环境问题会更加严重，而人们的光环境意识亟需提高，加强光污染危害及其防治的宣传必然是个重要的环节，同时尽快建立有关的法规是做好光污染防治和光环境建设工作的前提条件。

六、光文化认识水平低

每个人都有自己的文化审美与品位，同样每个城市也有自己的文化底蕴和特色。在进行照明规划和设计时，不能只考虑到城市的夜景亮度，还应该将这个城市的文化品位融入其中，考虑到城市的特色和该城市的地域及民族特色，让城市照明与该城市的文化特点相结合，让规划和设计出来的东西能更好地体现出该城市的特色。只有与城市特色的结合，才能使设计出的效果体现整个城市的特色及地域的特色，被当地居民接受。而近年来大行其道的“亮化工程”，在许多地方是政绩工程的表现，是急功近利思想的反映，不但没有反映城市的特色、提升城市的品位，反而给城市带来了光污染，破坏了夜间景观，丑化了城市形象，背离了地域文化。

照明的规划和设计应该合理布局光源的分布，运用特色造型灯具，有效地搭配光源的色调，形成特色照明效果，充分体现城市的特色和文化品位。照明的规划和设计要实现照明与环境的和谐，与文化审美的呼应，发展光文化，提升光文化。

下篇 | 规划与管理

第七章 光环境功能区划

第一节 光环境管理

一、环境管理的特点和手段

(一) 环境管理

基于对环境问题的思考，人们意识到首先必须改变自身一系列的基本思想观念，必须从宏观到微观对人类自身的行为进行管理，控制人类与环境系统之间的物质流，以尽快的速度逐步恢复被损坏了的自然环境，并减少甚至消除新的发展活动对环境结构、状态、功能造成新的损害，保证人类与环境能够持久地、和谐地发展下去。

环境管理学是环境科学和现代管理学之间的交叉学科，利用现代管理学的方法，协调社会经济发展与环境之间的关系，对破坏环境质量的人为活动施加影响，研究制订环境保护的方针、政策和法规，以促进环境科学研究，提高全民的环境意识，合理开发自然资源，既发展经济，又保证环境的质量，以便达到建设生态平衡、清洁、优美的人类生活环境。

环境管理学包括区域环境管理、部门环境管理、资源环境管理、环境质量管理、环境技术管理、环境计划管理等各部分内容。

环境管理的主要内容可分为三个方面。(1) 环境计划管理。包括工业企业污染防治计划、城市污染控制计划、流域污染控制规划、自然环境保护计划、环境科学发展计划以及区域环境规划等。(2) 环境质量管理。如组织制订各种环境质量标准；各类污染物排放标准和监督检查工作；组织调查、监测和评价环境质量状况以及预测环境质量变化的趋势。(3) 环境技术管理。主要包括确定环境污染的防治技术路线和技术政策；确定环境科学技术发展方向；组织环境保护和技术咨询和情报服务；组织国内外环境科学技术合作交流等。

(二) 环境管理的基本特点

(1) 环境管理的综合性。环境管理是由自然、政治、社会和技术等多因素错综复杂地交织在一起而形成和发展的。这就决定了环境管理的高度综合性，表现在必须采取立法、经济、教育、技术和行政等各种措施相结合的办法，才能有效地解决环境问题。

(2) 环境管理的计划性。环境保护是国民经济和社会发展计划的一个组成部分，它受计划的制约。

(3) 环境管理的区域性。环境问题由于自然背景、人类活动方式和环境质量标准的差异存在着明显的区域性。必须根据各地的不同特点，因地制宜，采取不同的管理措施。

(4) 环境管理的自然适应性。应该充分利用自然环境适应外界变化的能力，如资源再生能力，自净能力和自然界生物防治作物病虫害的作用等，以达到保护和改善环境的目的。

(三) 环境管理的基本手段

1. 行政手段

行政手段主要指国家和地方各级行政管理机关，根据国家行政法规所赋予的组织和指挥权力，制定方针、政策，建立法规、颁布标准，进行监督协调，对环境资源保护工作实施行政决策和管理。

2. 法律手段

法律手段是一种强制性手段，依法管理环境是控制并消除污染，保障自然资源合理利用，并维护生态平衡的重要措施。环境管理不仅要靠立法，还要靠执法。

3. 经济手段

经济手段是指利用价值规律，运用价格、税收、信贷等经济杠杆，控制生产者在资源开发中的行为，以便限制损害环境的经济活动，建立积极治理污染的单位，促进节约和合理利用资源，充分发挥价值规律在环境管理中的杠杆作用。

4. 技术手段

技术手段是指借助那些既能提高生产率，又能把环境污染和生态破坏控制到最小限度的技术以及先进的污染治理技术等来达到保护环境目的的手段。

5. 宣传教育手段

宣传既是普及环境科学知识，又是一种思想动员。加强环境教育，提高人们的环境意识，正确认识环境及环境问题，使人的行为与环境相协调，并使其能自觉地参与保护环境的活动，这是解决环境问题的一条根本途径。

二、光环境管理的目的和任务

光环境管理的目的就是运用行政、法律、经济、教育和科学技术的手段，对城镇规划、建设中的光环境进行管理，对危害或破坏环境的光照建设活动进行监督和控制，协调照明建设和环境保护之间的关系，以达到保护人体、环境健康和建设和谐光环境的目的。

光环境管理的任务：

(1) 综合运用经济、技术、法律、文化等手段，在满足照明要求的前提下，将危害光的量减少到不对周围环境和人产生危害的水平，建设一个优美、高效、节能、生态健全发展的光环境，保护人民健康，促进经济发展；

(2) 研究现有的环境保护的法律、法规，制定有关光环境保护的方针、政策、法规和条例，正确处理照明建设与光环境保护的关系；

(3) 开展光环境建设和保护的科学研究，培养科学技术人才，提高光环境保护的技术水平；

(4) 加强光环境保护的宣传教育，不断提高全民对光环境保护的认识水平和光文化意识。

三、光环境管理建设的内容和重点

目前我国对光环境问题的研究不多，而且以往的一些研究多是从照明角度出发进行的。针对已有的光环境问题，除了要健全法规，严格执法，加强光环境管理外，还要树立环境道德，努力建设环境文化，不断加强科学研究，发展绿色照明技术。光文化建设也必将成为未来照明行业不得不重视的一个方面。光环境管理可以从以下几个方面加强：

（一）加强光环境保护立法建设

我国认定光污染的现行法律依据严重不足，现行《宪法》没有设立环境权，《民法》对光污染侵害的救济尚存在局限性，《环境保护法》缺少光污染的环境标准，对光环境问题的范围和效力极为有限。

城市建设管理部门，要出台具有强制力和可操作性的《城市环境照明规范》，对照明灯具的性质、种类、应用范围和时间以及分类光照照度、色度及光照区域等做出规定，并认真监督其实施。不仅要求照亮，而且还要防止光污染的产生。要尽快制定城市照明规划建设标准和光污染控制标准，引导城市照明向“高效、节能、环保、健康”的方向发展。

环境保护部门，更要将光污染防治纳入工作范围。力促出台单行法及其配套的行政规章，并积极建议修改环境保护法，增加防治光污染内容。在日常的环境保护科研和管理工作中，积极防治光污染，为人们创造舒适的光环境。

（二）加强光环境建设的科学研究

要控制光污染，为人们创造舒适的光环境，管理光环境应从两个方面入手：污染源和环境。从污染源出发，就要区分光照目的，进行分类管理，提出光照限值；从环境出发，首先就要进行光环境功能区划，然后制订出环境标准。根据各类区域对光的不同要求，对选定区域进行合理划分，并对每个子区域制定合适的光环境目标，从而使光环境在符合人们需要的同时又尽可能少地带来负面影响，这就是光环境功能区划。环境保护部门要将光污染防治纳入工作范畴，积极进行光环境功能区划，尽快出台区域环境质量标准等。

城市及道路照明的规划设计水平需要进一步提高。加强科学研究，促进技术创新，首先应从照明的规划和设计出发，以“绿色”为前提，从更环保、更生态、更和谐的角度，合理布局光源的分布，有效地搭配光源的色调，充分体现城市的特色和文化品位，同时创新照明规划设计的方法和照明方式。

从节约能源、保护环境、促进健康的角度，应该积极推广绿色照明，抓好城市绿色照明示范工程，提高城市照明质量、努力改善城市人居环境。灯具的开发，制造部门要树立生态、环保、节能的理念，开发新光源和新灯具，提高灯具的光转化效率，改善灯具的光照范围和效果。灯具的设置和管理部门要依法管理，研究区分不同光照目标，努力寻求最佳光照效果。应该充分发挥人工光照的应有作用，同时尽可能减少其负面影响，制定科学的光源开闭时间并严格遵守。

（三）加强光文化建设

针对人们对城市建设中城市照明的错误观念和认识，需要加强正确光环境意识的宣传和教育，主要从普及科学的光环境知识和提高全民的光文化品位两方面着手。

从环境论理学的角度看，人类只有树立生态道德，顾及所有物种的福利，才能维持大自然的平衡。在利用人工光照为人类创造更适宜的光环境时，应注意人类只是生态环境中的一员，要与动植物物种平等共处，不能仅顾“一己之私利”。

要发展光文化，把人性化、生态化、环保化的照明理念融入到照明建设及“亮化工程”中，提倡环保照明和绿色照明。既要为人们的工作和生活提供足够的人工光照，同时要为动植物及生态环境留下足够的黑暗的空间，使照明与自然夜空相和谐；既要照明充分，又不能照亮过度，注意节约能源，注重照明效果。环保照明、绿色照明就是适度照明、合理照明和科学照明。

对于绿色照明，我们不仅要树立一种人工照明与自然环境和谐的思想，使得绿色照明具有可持续性，还要让这种思想不断传播，使得绿色照明成为人们的一种意识。要加强宣传与教育，让人们意识到实行绿色照明的重要性，从而使整个社会形成一种人工照明与自然和谐的观念。

此外，光环境建设应体现城市的文化品位。每个人都有自己的文化品位，同样每个城市也有自己的文化品位。在进行照明规划和设计时，不能只考虑到城市的夜景亮度，还应该将这个城市的文化品位融入其中，让规划和设计出来的东西能更好地体现出该城市的特色。具体来说，可以从照明的灯具、灯饰以及灯光的色调等方面来考虑照明的文化品位问题，从而做到城市照明与城市文化品位的和谐。

（四）建立和强化光环境建设的经济管理手段

地区的经济条件和基础会对其照明建设和光环境产生明显的影响。如，一个地区的照明不足问题，不仅仅与照明规划设计和管理不当有关，还与当地的经济条件有关，经济条件不足可能制约照明业的发展。而在经济发达地区，往往片面追求亮化，节能意识缺乏。由于缺乏专业知识，认为照明越亮越好，城市主干道路贪大求洋，相互比亮，追求豪华，造成光污染和能源浪费。

地区在发展经济的同时要做好照明工作和光环境的建设和保护，为居民创造出安全、舒适的光环境。要实施经济激励政策，如按用电优惠政策，对节能成效显著的单位，少收或免收电费。同时，对违规违章的单位要实施经济处罚政策等。

第二节　光环境功能区划

一、光环境功能区划的概念及意义

环境功能区就是环境单元或地域。根据社会经济发展的需要和不同地区在环境结构、环境状态和使用功能上的差异，对区域进行合理的划分，就是环境功能区划。划分的目的即为区域的合理布局、确定具体的环境目标，同时也便于目标的执行和管理。

要控制光污染，为人们创造舒适的光环境，就必须对光环境进行管理。管理光环境，应从两个方面入手：污染源和环境。从污染源出发，就要区分光照目的，进行分类管理，提出光照限值；从环境出发，首先就要进行光环境功能区划，然后制订出环境标准。根据各类区域对光的不同要求，对选定区域进行合理划分，并对每个子区域制定合适的光环境目标，从而使光环境在符合人们需要的同时又尽可能少地带来负面影响，这就是光环境功能区划。

二、光环境功能区划原则

光环境功能区划的原则如下：

(1) 以有效地控制光污染的程度和范围，保护生活环境和生态环境，保障人体健康以及动植物正常生存和生长为宗旨。

(2) 不得降低现状使用功能，以主导功能划定区域。

(3) 统筹考虑各个功能区之间的衔接。

(4) 实用可行，便于管理。

三、光环境功能区域分类

(一) 区域分类和依据

光环境功能区划分以有效地控制光污染的程度和范围，提高光环境质量，保障城市居民正常生活、学习和工作场所的要求，保护生活环境和生态环境，保障人体健康及动植物正常生存和生长为宗旨。

对于光环境功能区的划分主要依据国际照明委员会（CIE）出版物《限制室外照明设施的干扰光影响指南》中对环境区域的划分，分为以下四类区域。

天然暗环境区，如国家公园和自然保护区等；

低亮度环境区，如乡村的工业或居住区等；

中等亮度环境区，如城郊工业或居住区等；

高亮度环境区，如城市中心和商业区等。

(二) 夜间光环境区划

本书参照英国对光环境进行分类管理的做法，将夜间光环境初步划分为以下四类，见表 7-1。

近无光区：不需要照明的场所，如农业种养区或者自然保护区以及天文观测站周围区域等；

暗视觉区：需要一定照明满足安全目的，但同时又不影响夜间休息的场所，如动物园、农村生活区、文教区、居住区、医院等；

中视觉区：需要更亮的照明，但同时又无夜间休息的场所，如道路、商业区、工业区（无室外作业）等；

明视觉区：需要照明来满足室外工作的场所，可以完全识别物体，如施工场地、有室外作业的工业区以及港口等。

夜间光环境功能区初步划分（室外）　　**表 7-1**

功能区	范　围	执行光环境标准
近无光区	农业种养区、自然保护区、天文观测站周围等	一级
暗视觉区	动物园、农村生活区、文教区、城镇居住区、医院住院区等	二级
中视觉区	道路、商业区、工业区(无室外作业)、医院诊疗区等	三级
明视觉区	工业区(有室外作业)、港口、施工场地等	四级

(三) 昼间自然光情况下的光环境区划

昼间和夜间的光环境背景是有非常大的差别的。因为昼间自然光很强，在正常自然光的背景下，人工照明几乎可以被掩盖，不能发挥其亮度，但是眩光还是存在并且容易识别的；而夜间的自然光非常弱，背景亮度非常低，在人工光源亮度很小的情况下也很容易被人们发现，并且对人们产生影响，所以，昼间和夜间的光环境功能区划必须分别划分，不能简单结合。

为了使光环境功能区划更加合理，应该分别对昼间和夜间进行光环境功能区划。实地调查发现，一般昼间的光照主要来自于自然光，人工照明的应用比较少。昼间的光污染主要是反射光，比如高反射率的墙面。还有多余照明，比如白天亮着的路灯（浪费资源）等。在自然光环境可以满足对光环境的需要的情况下，使用照明工具，这不仅是对资源的一种浪费，对光环境更是一种污染，因为在正常光环境下，多余照明会在视野中产生直接眩光，严重地妨碍视觉功效。另外，应该有光照却没有光照或者光照不足的情况一样也属于光环境问题。

昼间自然光情况下的光环境区划（表 7-2），主要涉及的区域有以下几类：

施工场地、农业区、工业区、商业中心区、公园等自然景观区：这些地方所要求的光环境基本上没有很大的差异，天气晴朗的自然光照下，就可以达到对光照的要求。不需要外加的人工照明。可以存在适当反光，眩光等级不得高于 B。

居住区、文教区、办公区、医院这几类区域基本上以室内活动为主，因此室内光环境对人的各种活动有很大影响，对光环境的要求就相对高一点，主要体现在：光反射对安全有影响，对人的生理、心理会造成一定的不良反应，光反射到居民室内会引起温度上升，有眩晕感。学校周围也不应采用玻璃幕墙，以防止反射光进入教室。眩光等级不得高于 A。

道路：在十字路口、T 字路口不宜采用玻璃幕墙，避免反射光直接进入驾驶员正视线方向，在城市人群密集的地段及交通主干道两侧应尽量少采用玻璃幕墙。眩光等级不得高于 B。

昼间光环境功能区划初步划分（室外）　　**表 7-2**

范　围	眩光等级
居住区、文教区、医院	A
施工场地、农业区、工业区、商业中心区、公园等自然景观区、道路	不高于 B

四、光环境质量指标体系

（一）指标组成

光环境质量因子有：适当的照度水平，良好的显色性、光色宜人，舒适的亮度比，可接受的眩光水平，合适的光照时间等。一般选取眩光指数、亮度、照度、背景亮度四个因子作为夜间室外光环境质量指标，构成夜间室外光环境质量指标体系。

（二）指标值

参照国际照明委员会（CIE）给出的各类光照限值，结合我们的功能区划分类，给出表 7-3 的不同区域光环境标准建议值（夜间室外）。眩光采用眩光指数 GI 进行评价，平均亮（照）度以熄灯前和熄灯后（一般可以 23 点划界）为限，单位分别为 cd/m² 和 lx。亮（照）度均匀度是最小亮（照）度与亮（照）度均匀度的比值。

光环境质量建议标准（夜间室外）　　**表 7-3**

标准等级	区域类别	眩光指数 GI	亮度(cd/m²)			照度(lx)			背景亮度(cd/m²)
			平均亮度 Lav		均匀度 Lmin/Lav	平均照度 Eav		均匀度 Emin/Eav	
			熄灯前	熄灯后		熄灯前	熄灯后		
Ⅰ级	A类	10	0.2	0	0.3	2	0	0.3	0
Ⅱ级	B类	16	0.3	0.2	0.35	5	2	0.33	0.2
Ⅲ级	C类	22	0.5	0.3	0.35	15	5	0.35	0.3
Ⅳ级	D类	28	1.5	1.0	0.4	45	45	0.45	0.6

第三节　光环境功能区划实例

我国目前在光环境管理和建设方面所进行的功能区划研究和实践还比较少。而根据各类区域对光的不同要求，对选定区域进行合理划分，并对每个区域制定合适的光环境目标，是有效地进行光环境管理的基础。本书著者在已有研究成果的基础上，拟定出光环境功能区划的方法，并在江苏省苏州市、宜兴市和滁州市的光环境管理中予以应用，对光环境功能区划进行了初步的探讨。通过这些实例，检验了此光环境功能区划方法的实际可行性和可操作性，并希望对已有的光环境功能区划进行补充和改正。

一、苏州市

我们应用以上光环境功能区划的具体划分内容，对苏州市区的光环境功能区进行划分，有光环境功能区中的近无光区、暗视觉区、中视觉区和明视觉区全部四类，具体划分见图 7-1。

（1）近无光区：上方山国家森林公园，属于国家公园，划为近无光区。

（2）暗视觉区：远离商业闹市的居民区、别墅区、高级宾馆区、动物园划为暗视觉区，拙政园、狮子林、沧浪亭、网师园等苏州园林应划为暗视觉区，但为了便于管理，以其所在地的主导功能划定区域。

（3）中视觉区：道路区域、居民商业混杂区、娱乐区、医院照明、文教区、工业区（无夜间室外作业）、商业集中区域等划为中视觉区，但根据划分原则，较集中的道路区域以及主干道路划为中视觉区，其他道路根据所在地的主导功能划定区域。

（4）明视觉区：苏州火车站、苏州火车西站、汽车南站、汽车北站、汽车西站、苏州轮船码头，以及吴中区汽车站均属于需要夜间照明的场所，划为明视觉区。

（5）按照建议标准，远离商业闹市的居民区属于暗视觉区，而文教区则属于中视觉区。实际上，居民区附近常常会有学校，区域划分过程中，根据主导功能划定区域的原则，一般将其划为暗视觉区。

（6）苏州市区的水域中，金鸡湖属于娱乐性场所，划为中视觉区。阳澄湖划为暗视觉区。太湖大面积水域暂不考虑。

二、宜兴市

根据夜间光环境功能区划具体划分的内容，对宜兴市市区进行了夜间光环境功能区划，具体区划结果见图 7-2。

宜兴市市区的光环境主要有低亮度环境区、中等亮度环境区、高亮度环境区三类区，与光环境指标体系对比，没有无光区。

（1）宜兴市没有国家级公园、自然保护区以及天文台等区域，所以没有光环境功能区划中的无光区；

（2）宜兴市市区的两个医院都处于商业区内，与周围光环境等级不一致，可以看出当时城市规划的不合理，与光环境功能区划产生了冲突。

图 7-1　苏州市区光环境功能区划

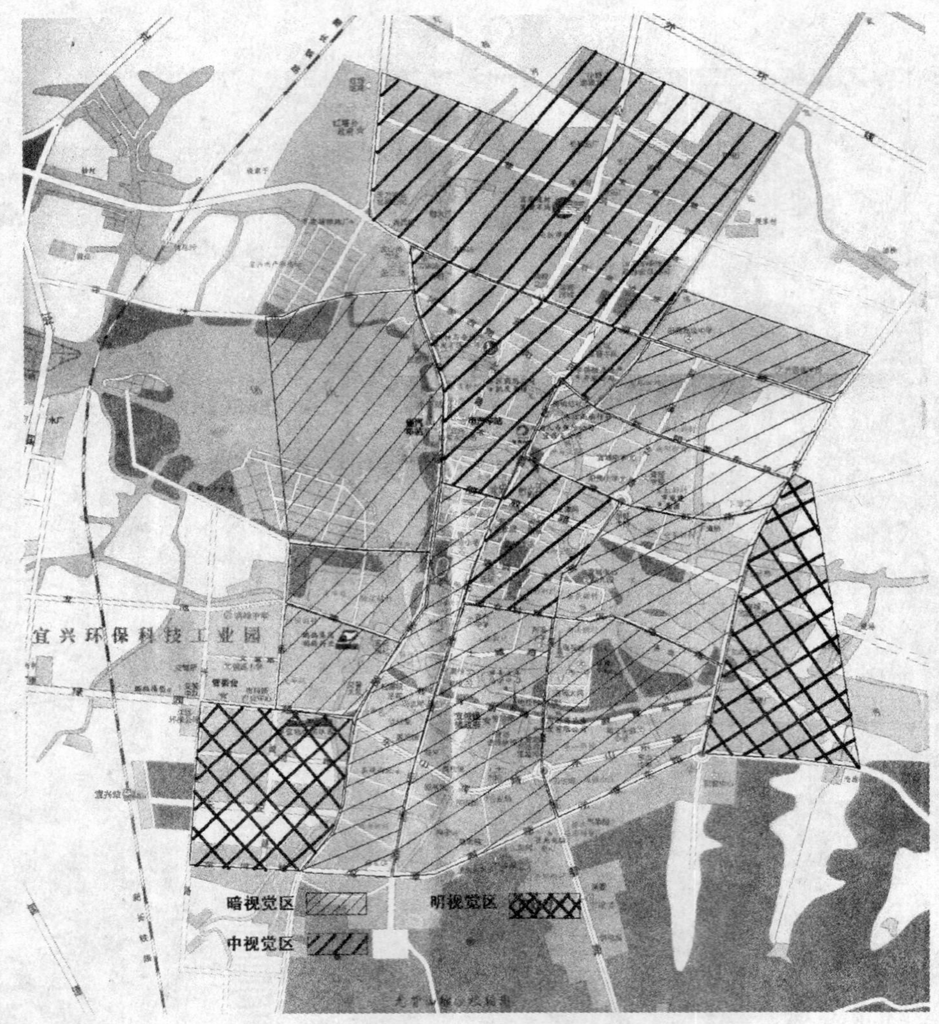

图 7-2　宜兴市市区光环境功能区划

(3) 文教区和居民区相间，这两个区域对光环境的要求基本一样，从光环境功能区划的角度来看这样规划是比较合理的。

用前面的光环境功能区划对宜兴市市区进行光环境功能区划，可以发现宜兴市市区以前的城市规划存在某些不合理处，因此，在以后的发展建设中，可以利用此方法对宜兴市市区进行光环境功能区划，使整个市区的规划更加合理。

三、滁州市

通过综合分析滁州市区范围内各区划单元的社会功能现状与发展趋势及其规划，确定各区划单元的主导功能，根据被保护对象对光环境质量的要求，依据光环境功能区划的具体划分内容，将滁州市光环境功能区划分为四类。

2007—2010 年滁州市近期光环境功能区划结果（滁州市光环境近期功能区划如图 7-2 所示）：

A类近无光区，该区执行光环境质量Ⅰ级标准。位于市区建成区的外围，它以市区建成区的边界为区划边界，包括琅琊山自然风景名胜区、城西水库和市区建成区以外的所有区域，主要功能为自然风景区和农业种养区。

B类暗视觉区，该区执行光环境质量Ⅱ级标准。主要位于市区的北部和中南部。它包括北门办事处、东门办事处两个完整的行政区，以其行政区界为边界及火车站以东到扬子办事处除去扬子汽车有限公司的区域范围，它们连成一片较大区域，位于市区的北部。另一大块低亮度环境区为以丰乐南路、清流路、紫薇南路及清流办事处与经济技术开发区的行政边界为四条边包围起来的区域。此外还有5块面积较小的区域，分别是南门办事处与琅琊办事处行政边界以北，丰乐路至二纺机以西、西门办事处和南门办事处行政边界以南的区域；琅琊古道为边界以南至滁州学院的居民区；滁西路以东，琅琊区政府以南，丰乐路以西到清流西路以北的区域；丰乐西路以西，会峰路以南，滁西路以东的区域；扬子路以南、外环路以西的一块居住区。主要功能为远离商业闹市区的居民区。

C类中视觉区，该区执行光环境质量Ⅲ级标准。主要位于市区的中部和南部。它包括滁州市区除A、B、D类以外的区域。主要功能为商业集中区、居民商业混杂区、文教区、行政办公区及工业区。

D类明视觉区，该区执行光环境质量Ⅳ级标准。它包括滁州市火车站和汽车站，分别以天长东路、琅琊东路和紫薇北路为界，范围较小，是夜晚高亮度环境的地方。

2010～2020年滁州市远期光环境功能区划结果（滁州市光环境远期功能区划如图7-3所示）：

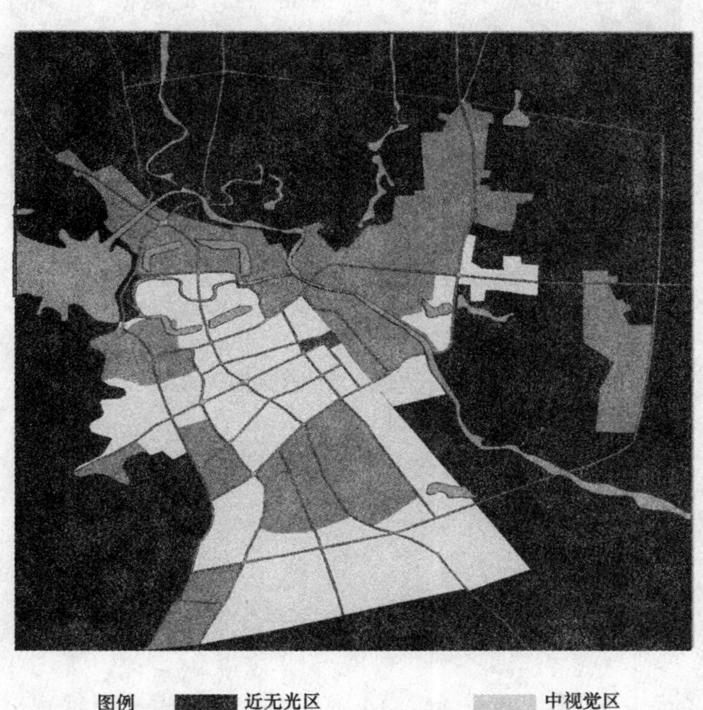

图7-3　滁州市光环境近期功能区划图（2007～2010）

结合滁州市 2010～2020 年城市总体规划，将滁州市光环境功能区划分为四类。2010～2020 年滁州市远期光环境功能区划结果如滁州市光环境远期功能区划图 7-4 所示。与近期光环境功能区划相比较，发生变化的部分有：(1) 远期区划在以丰乐北路为界向西至琅琊山自然风景区的区域都划为暗视觉区。因为原本该地区是工厂、企业、行政办公和居民住宅的混合地区，按照城市未来发展规划，此区域的工厂、企业和行政办公区将迁出该区，转变为居住区，所以光环境功能区类别由中视觉区变为暗视觉区。(2) 市区扬子街道办事处以北的区域范围将发展为城市的工业区，因此该区的光环境功能区类别划为中视觉区，以西至火车站的地区为居住区，划为暗视觉区。(3) 由于未来滁州市将向城市东南方向发展，所以经济技术开发区以南的地区也将逐渐发展建设，由原来的近无光区变为暗视觉区。其他区域的光环境功能类别不变，与近期光环境功能区划相同。

图 7-4　滁州市光环境远期功能区划图（2010～2020）

第八章　城市照明专项规划

第一节　城市照明专项规划及其重要性

城市照明专项规划是近年来城市照明飞速发展和城市规划不断完善的产物，是城市规划序列中的新成员。城市照明专项规划以城市总体规划为依据，是指针对城市照明而进行的专项规划。城市照明专项规划通过对城市照明现状的调研和分析，查找存在的问题，提出解决问题的思路和办法。专项规划对城市照明在城市建设中的发展目标和原则、定位分区、实施策略、勘察设计、投资建设、管理维护、节能环保等方向进行宏观原则指导，是指导当地城市照明建设发展的最高层次的具有法律效力的纲领和依据，对城市照明的发展和建设具有重要的指导意义和作用。

近年来，我国城市照明发展迅猛，对促进城市化的发展和改善城市夜间光环境做出了巨大贡献。各地不乏城市照明的优秀工程项目，但是存在问题也不少，如有些城市整体照明凌乱，缺乏主次，风格混杂，城市夜景观总体效果较差；有些城市照搬照抄其他城市，既没特色，文化品位也不高，缺少当地历史文化内涵的表现；有些城市照明项目超规模、超亮度建设，与当地经济水平极不相符。究其原因，与当地的城市照明专项规划工作有密切关系，有的是规划滞后或照明规划缺乏专业性、科学性；有的则是虽有城市照明专项规划，但其后期实施存在不少问题；有的是缺乏有专业背景的管理人员，无法将规划有效实施；有的是城市照明规划作为法规的严肃性未得到充分体现，领导随意更改的情形常有发生，导致照明规划的综合调控作用难以得到充分发挥。

因此，为了适应中国城市照明迅速发展的要求，克服亮度失控、文化品位不高、建设与管理无序等源自于规划失控的状况，推动城市照明规划、设计与建设的可持续发展，使城市照明管理工作有法可依，制定完善可行的、科学的城市照明规划成为城市照明工程建设的首要任务。

2004 年后，建设部出台了一系列规范管理的文件，要求 2008 年各城市要完成城市照明的专项规划的编制。就此，城市照明的规划工作正有序推进并逐步规范，但规划的贯彻施行及其管理也需要长期重视和关注。文件要求，各地要从实际出发，坚持“以人为本、突出重点、保证功能、经济实用、节约能源、保护环境”的原则，抓紧编制城市照明专项规划，2008 年全面完成。做到合理布局、主次兼顾、重点突出、特色鲜明，明确节电的指标和措施。对不符合城市发展需求和节约用电、保护环境的城市照明专项规划，要抓紧修改。全面推行规划评审和规划管理，突出城市照明专项规划引导资源节约的前瞻性和权威性的作用，从源头上把好资源节约和有效利用关。从严确定规划强制性内容，并实行长效管理。

第二节　城市照明专项规划方法与内容

按我国《城市规划编制办法》的要求，照明规划体例如下：

专项规划——规划文本、图纸及附件（包括说明、研究报告和基础资料等）；

修建性详规——说明书与图件。

照明规划的组织要求，对专项规划要求适用于整个城市或城区，相当于城市规划中总体规划与部分区域控制性详规的结合。须由规划部门组织，经人大批准后，其正文即成为法律条文，是政府进行管理的依据，可指导下级详细规划的编制。修建性详规适用于较小的特定区域，可以由建设单位自行组织，作为具体设计的依据。

照明专项规划的内容包括以下几个方面，具体规划方法见表 8-1。

总则（规划编制的依据、规划范围、规划期限、规划原则等）；

城市照明现状与分析；

城市照明规划定位与发展目标；

城市照明空间结构与布局；

道路照明的分级和照明标准，交通设施的照明原则，指引标识照明要求；

景观照明布局及其规划要点；

城市景观照明体系，夜间活动的组织；

城市照明节能与环保要求；

照明分期建设与管理的建议。

照明专项规划方法　　**表 8-1**

步骤	分项	目的	依据方法	结果
现状调研	城市照明对象	发掘城市资源，为形成夜间景观结构作基础，发掘城市活动、消费的增长点	搜集相关资料，问卷调查，实地调研，价值评估	城市照明对象分布图
	城市建设方发展方向	为城市照明定位、分期建设整改提供依据	调阅相关规划，与城市管理人员交流	城市照明定位、分期建设整改图
	城市照明现状	为分期建设提供依据	实地调研、测量	分期建设整改图
规划策略	功能照明	确定公共交通照明的要求（照明水平、光色、灯具尺度、风格、节能措施）	国内外标准、道路与周边环境的性质	道路照明分级图、光色分布图
	景观照明区划	划分规划范围内地块，针对不同性质的地块提出地块内照明载体的照明策略，以实现对规划范围内所有照明载体的景观照明效果的整体控制和规划	国内外相关标准、经验，城市具体功能分布	照明策略分区图，功率密度等能耗限制，对灯具、光源的效率要求，维护、管理的要求等
	景观照明架构	确定城市夜间景观架构（点线面关系、重要性排序、灯具系统），简历清晰的与白天相应的富有特色的城市夜间意象	相关城市规划、城市设计、城市物质形态结构特点、景源价值评价、使命夜间活动情况（时间、地点、内容）、旅游路线组织	景观架构图、重要视觉节点、通廊、区域分布于概念设计

续表

步骤	分项	目的	依据方法	结果
实现策略	分期建设整改	考虑规划的可实施性，提供具体的建设目标，确定规划期限内分期建设整改内容	城市建设的方向与步骤、照明现状与建设目标的差距、城市的资金投入能力。以城市建设为第一优先，功能要求和景观要求取适当的权重因素	分期建设整改图
	实施策划与保障	使建设能根据实际情况灵活调整	设计、建设的组织，建立竞赛和评比机制，激发公众与业主参与，建立技术支持团队	对具体的终极涉及对象提出的设计通则，包含设计目标、设计标准及照明设施的选择与安装

第三节　苏州市城市照明专项规划介绍

城市照明建设要达到高品位、高水平，必须有一个高起点、系统化的规划。按照建设部、国家发改委204号文和省建设厅275号文的要求，苏州于2005年下半年开始编制苏州市城市照明专项规划的工作，2006年根据城市总规修编的要求，编制范围由中心城区70平方公里扩大为与总规一致的370平方公里。2007年底完成编制后，几经修改，分别通过市、省相关部门组织的专家评审，2009年通过市政府批准。

苏州城市照明的专项规划，是苏州城市总体规划的一部分。规划包括了城市灯光环境的分布体系、色彩体系、亮度体系、电力供应体系、控制管理体系。今后各个具体区域与建筑物景观照明的方案设计都要在规划设计的基础上进行，以其各具特色而又相对和谐的灯光特色表现出城市迷人的夜间景象。

一、苏州市城市照明专项规划的基本原则和建设原则

1. 基本原则

统筹规划、分类实施；

点线结合、重点突出；

亮度适中、实美兼备；

风格简约、建管并重。

2. 建设原则

(1) 灯光设计理念现代化；

(2) 灯光景观信息化；

(3) 灯光效果艺术化；

(4) 灯光表现多元化；

(5) 灯光环境有序化；

(6) 灯光控制集中化；

(7) 灯光设备环保、节能、安全化。

二、苏州市道路照明的目标

1. 近期目标（2006～2010年）

(1) 技术目标——80%以上城市功能照明技术指标达到国家相关标准(主要指功率密度、路面亮度、路面照度、路面亮(照)度均匀度、眩光限制、环境比等指标);

(2) 建设目标——新建项目100%达到国家相关标准,改建项目分期达到国家相关标准,道路装灯率达到98%以上,基本实现有路就有灯,充分体现功能照明以人为本的基本原则;

(3) 管理运行目标——监控覆盖率达到100%,亮灯率达到99%以上,设施完好率达到95%以上,“四新”产品普及率达到95%以上。

2. 远期目标(2011~2020年)

全面实现功能照明建设的现代化、科学化、自动化和规范化,所有指标均达到或优于国家相关规定和要求,使苏州城市功能照明最终实现全面普及绿色照明的目标。

三、苏州市景观照明的定位

苏州是著名的园林城市、江南水乡。其城市总体规划定位为:青山清水,新天堂。苏州市的景观照明重点应以水为依托,通过对历史文化建筑和现代化建筑的分类塑造,突出表现“东方威尼斯”传统与现代相融合的城市特色,真正将苏州打造成一颗璀璨的“夜明珠”。

四、规划主要内容

1. 规划体系:

(1) 功能照明体系(道路照明、广场功能照明、休闲旅游景区功能照明、桥梁隧道功能照明);

(2) 景观照明体系(五个区、十八条景观视廊、三类滨河界面、一条高架边界、十一个景观节点);

(3) 配电和控制体系;

(4) 节能环保体系;

(5) 维护管理基地和设施配套体系;

2. 规划具体措施和目标:

(1) 新建道路的照度指标、照明功率密度应符合新颁布的《城市道路照明设计标准》。

(2) 道路照明按建设的时间周期先后分三阶段进行整改:

A 1996年前建设的项目列入近期整改(包括消灭无灯的小路、小区);

B 1996—2000年建设的项目列入中期整改;

C 2001—2005年建设的项目列入远期整改。

(3) 道路照明按照明设施的具体现状合理整改:

A 水泥杆路灯设施升级改造;

B 照度严重超标路段的路灯设施改造;

C 照度偏低,照明设施老化路灯改造;

D 均匀度较差,宫灯型路灯灯具改进;

E 树木遮挡严重路段路灯设施改造;

F 小区内落后照明设施改造。

(4) 对已规划未建设项目,景观照明工程根据项目建设进度同步建设;

（5）对景观照明集中区域和节点之间的连接项目，列入建设计划；

（6）对建成的夜景灯光，存在问题影响城市整体夜景效果的，列入改造计划。

（7）采取各种节能措施，严格执行照明功率密度值标准，落实照明环保节能工作，以2005年底为基数，年城市照明节电目标为5%，5年（2006～2010年）累计节电25%；

（8）根据城市照明设施的数量、规模等现状，城市照明网络及供电的服务半径的要求，结合城市总体规模的分阶段推进，应增加维护管理基地，以满足高效管理、及时维护的需求，提高管理维护水平。

五、附规划图

规划图包括道路照明规划图、景观分区、各区供配电点控制网络规划图和苏州市城市照明管理维护基地规划图等，详见图8-1～图8-7。

1. 各区道路照明规划

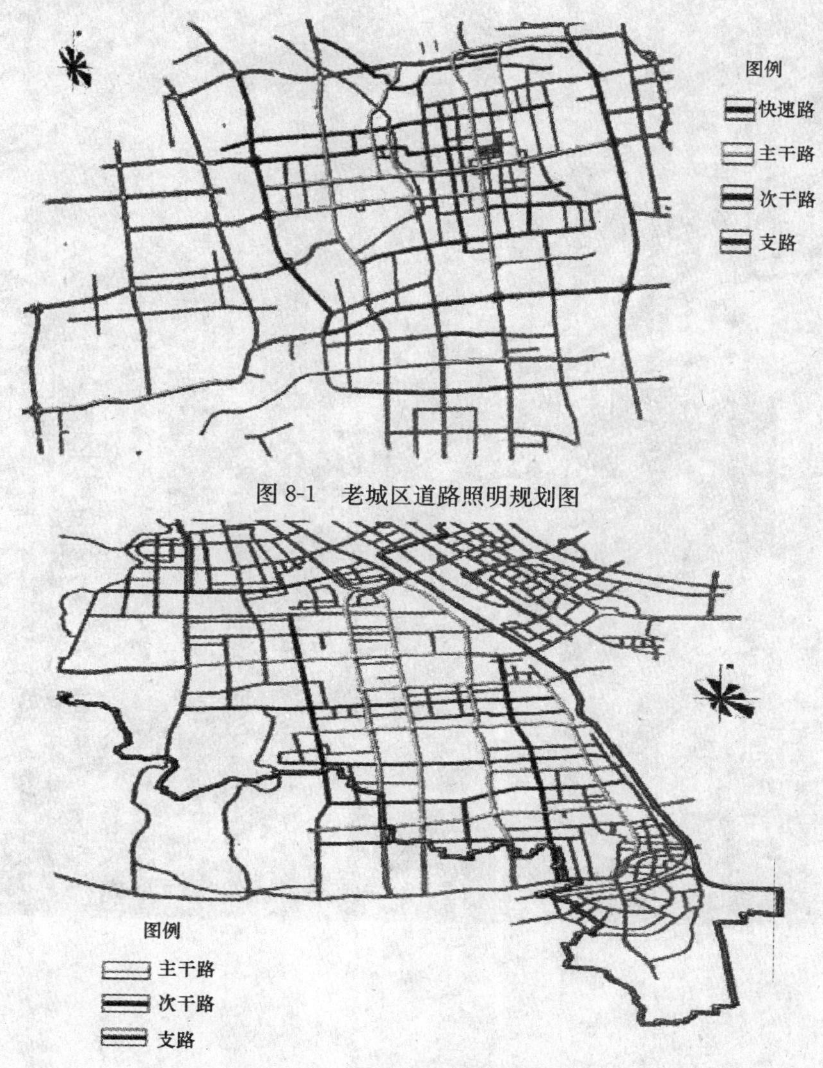

图8-1　老城区道路照明规划图

图8-2　高新区道路照明规划图

2. 景观分区

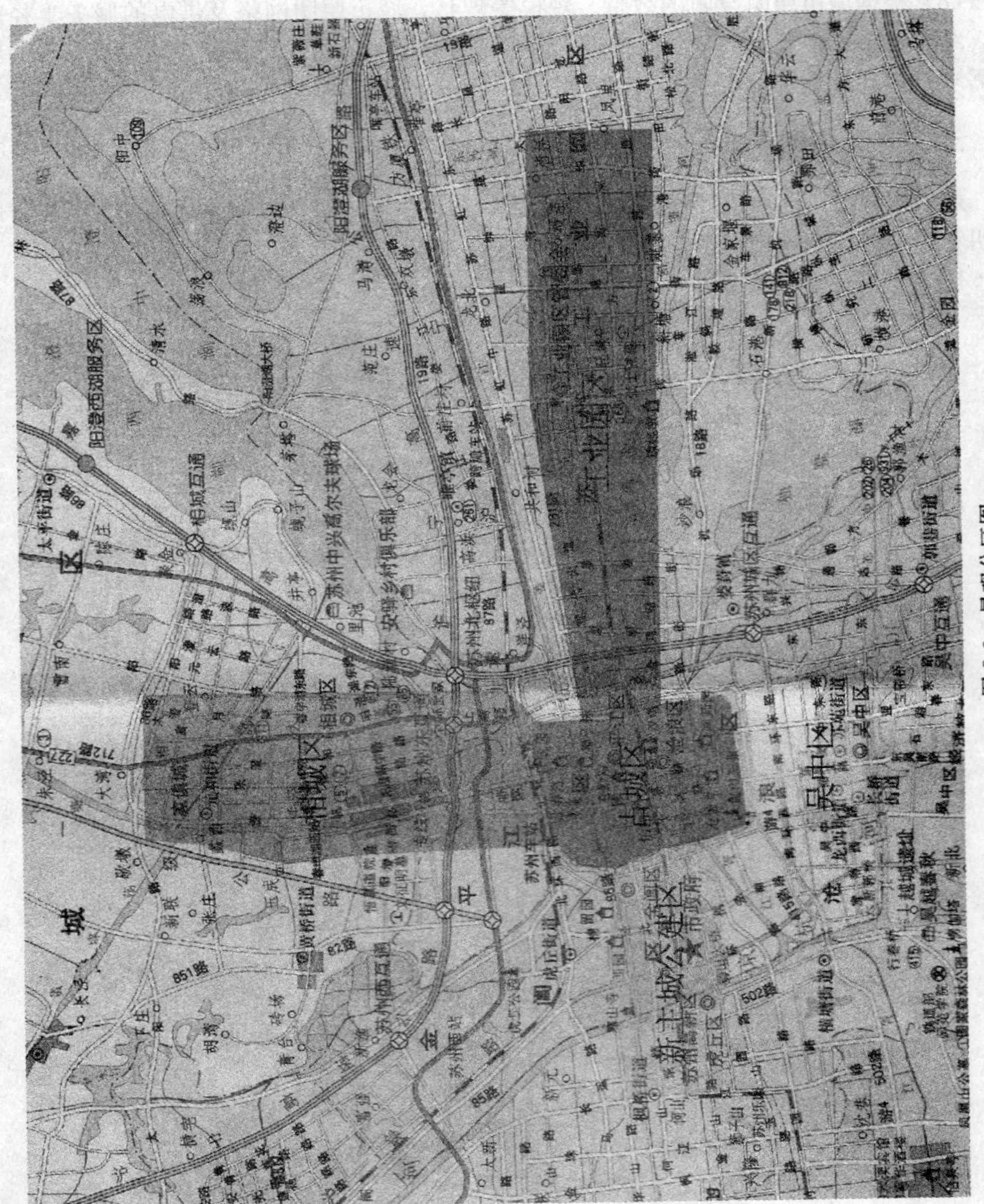

图 8-3　景观分区图

3. 景观视廊

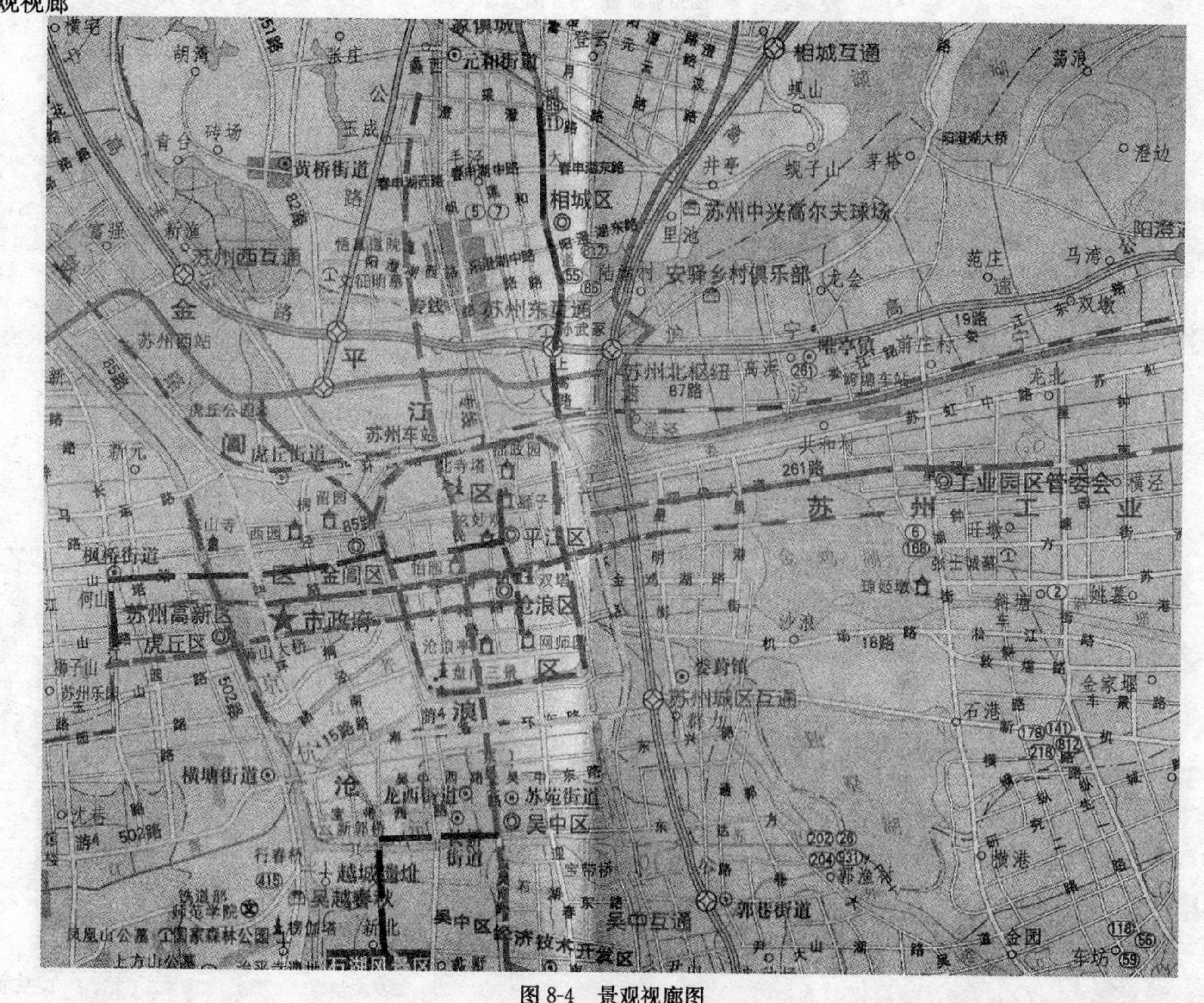

图 8-4 景观视廊图

4. 景观节点

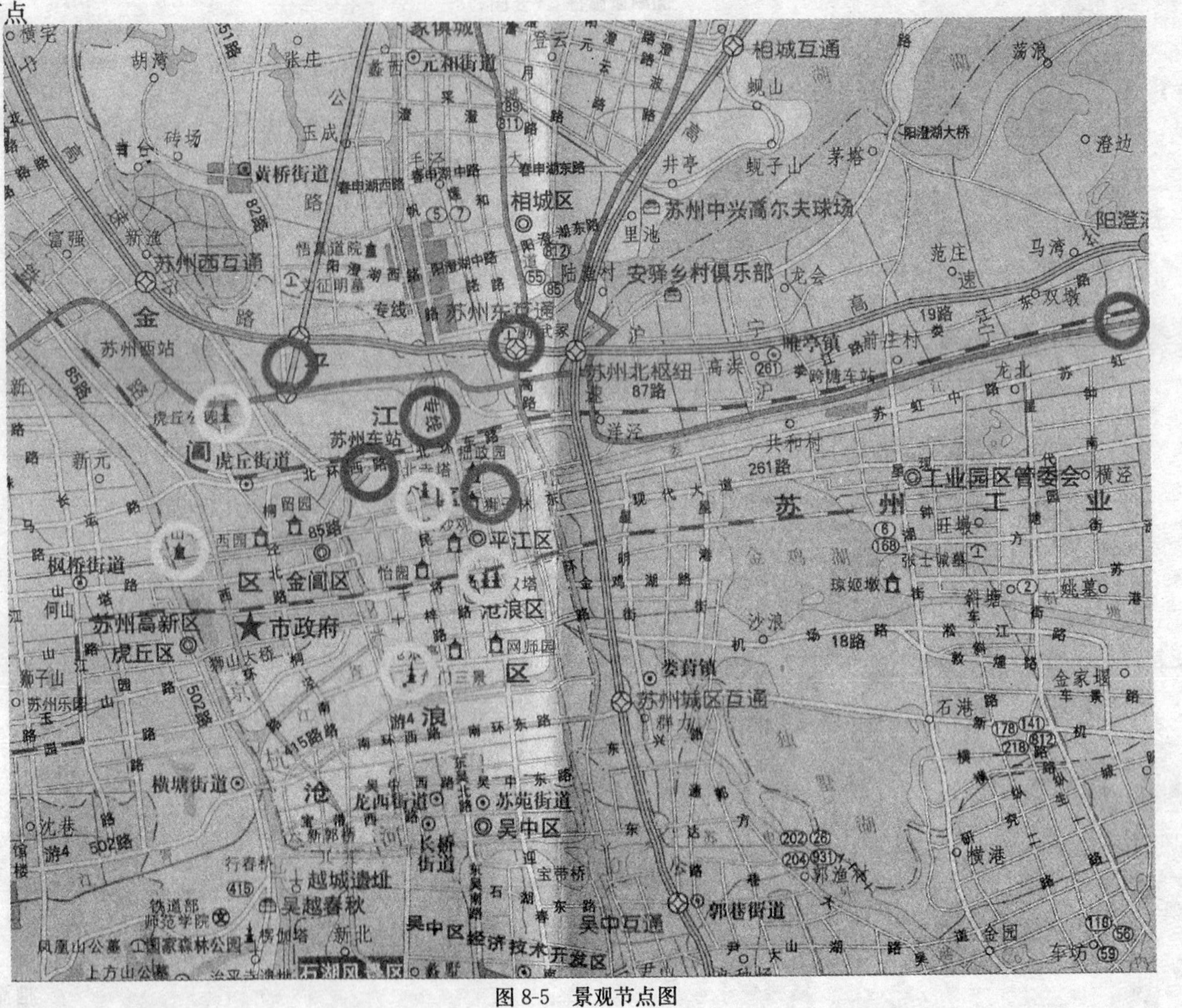

图 8-5　景观节点图

5. 供配电点控制网络规划

图例

主控室

已有点

新增点

图 8-6 老城区配电点控制网络规划图

6. 苏州市城市照明管理维护基地规划

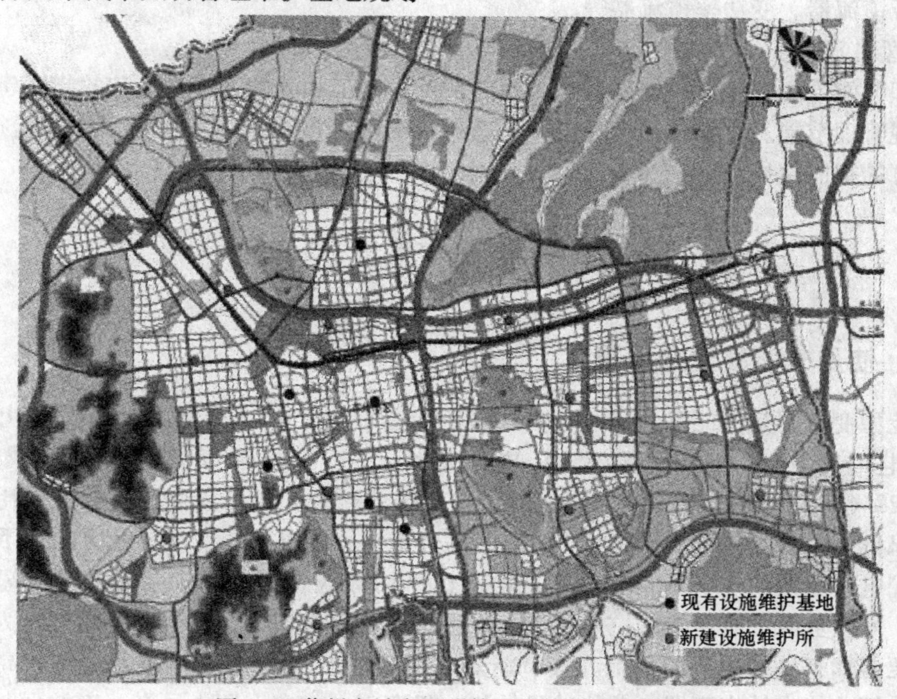

图 8-7 苏州市城市照明管理维护基地规划图

第九章　城市照明节能技术与评价

第一节　技术节能与管理节能

城市照明节能是一个系统工程，体现在整个城市照明系统工程全过程的方方面面。必须综合考虑技术、管理等多方面的因素，要力求综合效益的最优化。绿色照明远不只是推广应用某一两款节能产品。优质合理的设计、施工和养护管理、研究生产和推广应用高效长寿的光源、优质高效的照明器材以及降低在照明系统中各个环节的能耗，都是实施绿色照明的重要因素。如光源就是其中的一个要素。但高效光源有多种类型，如直管荧光灯、紧凑型荧光灯，以及高强度气体放电灯（HID)、LED灯等，其特点不同，应用场所也不同，都应给予重视。

照明的节能措施主要分为两大类，技术节能和管理节能。

1. 技术节能

技术节能，就是通过开发推广节能技术，实现技术节能。主要是通过技术的革新，来提高效率。主要有供配电系统的节能，如变压器节能、电容补偿、负荷的三相平衡、降压节能等，以及照明设备的节能，如采用高效光源、高效的反光器、高效灯具、高效镇流器、电子镇流器、变功率镇流器等。

2. 管理节能

管理节能，主要是通过加强道路照明的设计、施工和养护管理各环节的制度建设和监管，实现管理节能。主要包括合理设计，选择恰当的照度标准，采用全半夜灯运行方式，开、关灯的智能化控制等。

第二节　技术节能及其评价

一、使用节能高效变压器

节能型变压器是性能参数空载、负载损耗均比GB/T 6451平均下降10%以上的三相油浸式电力变压器（10kV及35kV电压等级）；产品性能参数空载、负载损耗比Gwr10228（组Ⅰ）平均降低10%以上的干式变压器。由于非晶合金片的磁滞损耗和涡流损耗明显低于传统晶粒取向硅钢片，所以非晶合金铁心配电变的空载损耗大幅度下降，仅为传统配电变压器的30%～40%，空载电流也平均降低50%左右，负载损耗及短路阻抗都不变，安全可靠，有足够的抗短路能力。由于非晶合金优良的性能，使用其作为铁心材料的变压器拥有良好的节能效果。其节能效率在10%～20%左右，但是价格较高，性价比低。使用节能高效变压器，节能效果较好，投资高，但在应用上具有一定的限制。而且原有节能数据是同 S9 比较，现有变压器已经发展到 S13 了，技术差距越来越小。

二、使用高强度气体放电灯光源

高强度气体放电灯是借助高压气体放电产生稳定的电弧，其放电管壁的负载超过 $3W/cm^2$的放电灯，如高压钠灯、金属卤化物灯等。其中，金属卤化物灯是在高压汞灯和卤钨灯工作原理的基础上发展起来的新型高效光源，其基本原理是将多种金属卤化物的方式加入到高压汞灯的电弧管中，使这些金属原子像汞一样与电子碰撞而发光。充入不同的金属卤化物，可以制成不同特性的光源。高强度气体放电光源属于第三代光源。特点是：启动时都要配置合适的启动器（触发器）来获得足够高的瞬时启动电压；在正常工作时需要用整流器限制流过光源的电流在允许的范围内；陶瓷管的改进，提高电极附近温度，减少金属卤化物的沉积，从而提高灯的光效和寿命，降低能耗。光效是传统卤素灯泡的 3 倍，使用寿命也比传统卤素灯泡长 10 倍，其节能效率与普通光源（白炽灯）相比节约 60%～80%，因此性价比高，是目前普遍采用的合理节能方法之一。

三、使用节能型荧光灯光源

节能型荧光灯罩光效高，紧凑型荧光灯发光效率 40～50lm/W，而白炽灯 3～16lm/W，与普通灯泡相比，发光效率约提高 5～6 倍。其寿命较白炽灯更长，荧光灯工作时灯丝的温度在 1160K 左右，比白炽灯工作温度 2200K～2700K 低很多，所以它的寿命也大大提高，达到 5000 小时以上，普通白炽灯泡的额定寿命为 1000 小时。由于它不存在白炽灯那样的电流热效应，荧光粉的能量转换效率也很高，达到每瓦 50 流明以上。因此其节能效率与普通光源（白炽灯）相比节能 50%左右，性价比高，是目前普遍采用的合理节能方法之一。

四、使用 LED 光源

LED（Light Emitting Diode），又称发光二极管，它们利用固体半导体芯片作为发光材料，当两端加上正向电压，半导体中的载流子发生复合，放出过剩的能量而引起光子发射产生可见光。LED 是一种固体冷光源，环氧树脂封装，灯体内也没有松动的部分，不存在灯丝发光易烧、热沉积、光衰等缺点，使用寿命可达 6 万到 10 万小时，比传统光源寿命长 10 倍以上。LED 使用低压电源，直流驱动，超低功耗（单管 0.03～0.06 瓦），电光功率转换高，比 HID 或白炽灯更少的热辐射，相同照明效果比传统光源节能 80%以上。LED 是由无毒的材料制成，环保效益更佳，光谱中没有紫外线和红外线，既没有热量，也没有辐射，眩光小，而且废弃物可回收，没有污染，不含汞元素，是冷光源，可以安全触摸。

其节能效率与传统光源（白炽灯）相比，节约能耗在 60%左右。LED 产品性能不稳定，投资成本较高，同时目前维护成本不易测算，在户外使用具有一定的风险，性价比为中。LED 光源是新型的光源应用，目前存在一定的技术瓶颈，在散热、维护、光衰、成本控制等均存在较大的难度，在景观照明具有一定的优势，在道路照明中还不具备推广条件，同时，投资较高，具有一定的风险。

五、使用高效灯具

高效灯具是采用科学合理的光源形状，通过各种技术手段提高反光器的反射率及灯罩的透光率，降低光学系统的性能衰减，优化光场分布，提高灯具的效率和寿命。其节能效率可达15%～30%，性价比高。

随着科学技术的发展，各种灯具产品性能不断提高，多面反射、镀膜、高效耐老化透光罩等多种技术的应用使灯具的效率和光学系统抗衰减性能大幅提高，2007年实施的城市道路照明设计规范将灯具效率标准提高了10%，其现实意义就是在投入电能不变的情况下，灯具输出更多的光能，目前性能较高的灯具效率能达到80%，本方法的投入主要在于灯具价格，但这种价格的提高带来的好处是多方面的，故性价比较高。在“十一五”全国城市绿色照明工程规划纲要中要求灯具效率在80%以上的高效节能灯具应用率达85%以上，目前江苏省主要大城市及经济发达地区新建项目一般采用高效灯具，但经济欠发达地区及2005年前的工程项目灯具效率偏低，整体应用率还远低于国家要求。

六、使用高效配套电器

采用低损耗、高效率的配套电气设备，从而达到节能目的。主要措施有铜线代替铝线、低功耗镇流器、低功耗变压器等。其节能效率可达5%～7%，性价比高。高压钠灯的镇流器功耗比较，见表9-1。

以铜线代替铝线，则城市照明线路所采用的截面积中铜线的线损约为铝线的0.6倍。另外，为了降低镇流器功耗，同时在发展SELB和EB，逐步取代LB产品。所不同的是，SELB是对LB的改进提高，技术上成熟，节能效果比较明显；而EB研制时间短，功率比较大，技术难度较大，运行经验不充分，特别是150W以上的，节能效果不明显，目前不能普遍推广应用。当前，比较适合推广应用SELB代替LB，按国际铜协（中国）提供的资料，SELB与LB。

高压钠灯的镇流器功耗比较 表9-1

灯泡功率(W)		30	40	100	150	250	400	1000
镇流器功耗占灯功率百分比(%)	LB	30～40	22～25	15～20	15～18	14～18	12～14	10～11
	SELB	<15	<12	<11	<12	<10	<9	<8

七、采用电容补偿

针对气体放电灯基本电路功率因数较低的特点，采用在其电路中并联电容，补偿无功，减少线路回路电流，从而减少线路上产生的损耗，必要时，在照明电源处增加集中补偿，减少变压器损耗。其节能效率在2%～5%；性价比高。

目前城市照明采用的光源，基本是高压钠灯等大功率气体放电灯，其供电回路还基本使用电感式镇流器，回路功率因数较低（0.3～0.44），故供电回路电流大，在线路上产生的损耗也大。《城市道路照明设计标准》（CJJ 45—2006）中，要求气体放电灯线路功率因数应不小于0.85。故须在灯具线路中加电容进行无功补偿，补偿后功率因数提高到0.85～0.9。此节能方式投入较少，250W高压钠灯所使用电容价格仅为35元左右，投资回收期1年。同时可以带来适当减少线芯截面积等额外经济收益。目前我省新建项目一般均采用电容补偿，对以前没有安装补偿电容的项目进行改造，能取得良好效果。

八、使用变功率镇流器

利用气体放电灯在工作电流适当减少时，仍能正常运行的特性，根据后半夜道路照明可以适当降低照度或新建项目初期照度偏高的情况，通过相关控制手段按照需要增加镇流器电抗值，从而降低回路电流，减少光源的电能损耗及光能输出，达到路灯系统整体节能的目的。其节能效率在20%～35%，性价比高。

本方法实际就是利用气体放电灯的宽电流工作范围特性，根据需要降低光源工作电流，从而降低功耗。此节能方式投入较少，250W高压钠灯使用变功率仅增加费用100～150元左右，投资回收期小于1年。本节能方法具体应用时应防止先人为提高灯具功率再实施降功率节能的情况出现。本方法适用于以下几种情况：1. 灯具安装初期，效率衰减不大，照度超标的情况；2. 新建道路，交通流量未达到设计标准，人员稀少，可以降低照度标准的情况；3. 根据《城市道路照明设计标准》（CJJ 45—2006）中对同级道路照明标准的上下限采用条件发生变化的情况；4. 根据《江苏省城市照明节能技术指南》3.5.1条规定的情况；5. 由于其他原因，上半夜和下半夜照明要求差别较大的情况。

九、使用电子镇流器

采用开关电子变换电路的方法实现镇流，具有无频闪、效率高、体积小、质量轻、可调光、不使用大量铜材和硅钢材料等一系列优点。与普通整流器相比节能10%～20%。电子镇流器较普通电感镇流器价格高，如果考虑到综合成本的话，在一年内就能回收成本。

用电子镇流器替代传统电感式镇流器，不但可以节省大量的电能，还能实现高功率因数，减少电网污染，实现绿色照明。但是，目前高性能的电子镇流器还存在价格较高，工作不够稳定的因素。另外，功率越大，电子镇流器节能优势越不明显。

电子镇流器和传统电感镇流器相比具有以下优势：电子镇流器可以节省10%～20%；电子镇流器因为采取主动功因回路，可以承受大范围电压变动，而传统镇流器只能承受10%范围以内；重量轻，电子镇流器的重量约为传统镇流器的1/3；电子镇流器无灯管闪烁（频闪）的问题；电子镇流器不需要启辉器；电子镇流器不需要补偿电容器。

十、使用降压节能器

通过调节输入电压，降低了输出电压的平均值，达到控压节电的目的，采用自耦变压器及无触点开关技术进行降压与稳压，具有较宽范围的降压与稳压功能，采用微电脑控制系统，实时采集输出、输入电压信号与最佳照明电压比较，通过计算进行自动调节，从而保证输出最佳的照明系统工作电压。其节电效率在10%～25%，投资成本较高，回收周期较长，一般按照投资成本和节能效率，投资回报期在3年左右，性价比较低。

采用降压节能器具有一定的节能效果，在可控硅节能降压器、自耦降压器的基础上，逐步形成智能化降压节能器，起到较好的自我调节作用。但是，降压节能受电网供电质量影响较大，降压方式会影响光源寿命和降低照度值。同时，投资成本较高，汇报周期较长，存在资金压力。

降压节能器具有以下主要特点及工作特性：可通过编程器设定节电等级、转换时段及各时段工作时间；循环转换无断点，使控制更可靠，可有效保护灯具；实时检测设备运行状况，保持节电器稳定无故障运行；采用电磁式工作方式，选用高效电磁材料，节能线圈采用优质铜线圈；照明节电器始终应将灯具控制在最佳使用功率范围内，可大大延长灯具的使用寿命；诊断故障，自动旁路运行；过温及过流保护，负载超过设备额定功率时设备将转入旁路运行，负载恢复正常后自动转入节电运行；节能器具有远程控制调节功能，保证在控制中心能够及时监控节能设备的运行情况；在遇到短路、雷击时迅速起到保护作用。

十一、三相平衡

采用先进的电磁平衡技术，使三相输出的电压、电流趋于平衡和稳定，并可调整过剩电压、降低启动电流、抑制高次谐波、过滤浪涌和瞬流、从而改善用电品质，同时提高用电设备的使用效率，延长其使用寿命。平均节电率12%～15%，投资成本较高，回收周期较长，性价比为中。

该项技术能够较好地根据三相输出平衡电压和电流，调节电路中相应的不适应因素，提高用电效率，降低能耗，起到节能效果。但是，一次性投资成本较高，具有较高风险。具有以下特点及工作特性：自动实时检测系统电压，有效地调整三相过剩电压，使电网电源与负荷实现完全匹配，保证系统高效经济运行；平衡三相系统电压，将供电系统的三相电压不平衡度降到最低，保证路灯设施完全、稳定、可靠运行，延长路灯设施使用寿命，降低故障率；净化电网，消除供电系统存在的高次谐波，减少由高次谐波所产生的附加损耗，抑制供电系统的电压波动及由此引起的闪变现象；采用先进的单片机控制技术，实时采样电网电压电流信号，自动调节系统电压输出，使系统电压与设备运行状态达到最佳匹配。

十二、新能源的使用（太阳能、风能）

利用新能源作为照明电源，通过太阳能，风能等清洁能源替代常规电力，真正起到节能减排。其采用离网方式要求，则节能率为100%。投资成本很高，目前不具备大量推广实施条件，节能不省钱。

新能源是照明节能的新的发展方向，通过技术革新和科技创新，在一段时间内，将对新能源应用产生质的飞跃。新能源投资成本高，长效维护成本高，在近阶段不适宜大量使用。

第三节　管理节能及其评价

一、选择合理的照度和最佳的照明方式

严格按国家制定的相关照明标准进行设计。城市功能照明应严格执行新修编的《城市道路照明设计标准》，城市景观照明设计在我国景观照明照度标准发布之前，建议参照国际照明委员会（CIE）的标准进行设计。其中被照对象的照度、亮度、照明均匀度、照明功率密度（LPD）值以及限制光污染指标均不得超CIE和相关标准的规定。

选择照度是照明设计的首要问题。照度太低，会影响夜间车辆和行人的通行，产生交通安全事故，造成生命和财产受损的严重后果，而不合理的高照度则会浪费电力。

城市功能照明方式有单侧布置、双侧交错布置、双侧对称布置、中心对称布置和横向

悬索布置等多种方式；景观照明的方式有轮廓灯照明、泛（投）光照明、内透光照明、功能光照明、月光照明、剪影照明、层叠照明和特种照明等多种方式。应根据不同被照对象的特点和照明要求，选择最节能的照明方式。采用不同设计标准的能耗密度，见表 9-2。为了节能，被照对象的表面反射比低于 0.2 和玻璃幕墙建筑不宜使用泛光照明，应选择内透光或自发光材料进行照明的方式。

采用不同设计标准的能耗密度 **表 9-2**

车行道宽（m）	E平均（lx）	光源（W）	排列	灯间距（m）	能耗密度（W/m²）	能耗增减（%）
14	15	150	单侧	32	0.335 ★	—
	25	150	双排	40	0.536	+60.0
	30	150	双排	33	0.649	+93.7
20	20	150	双排	36	0.417 ★	—
	30	250	双排	42	0.595	+42.9
	40	250	双排	32	0.781	+87.3
30	20	250	双排	40	0.417	−14.9
	25	250	双排	34	0.490 ★	—
	30	250	双排	28	0.595	+21.4
	40	400	双排	39	0.684	+39.6
40	20	250	双排	33	0.379	−26.2
	30	400	双排	39	0.513 ★	—
	40	400	双排	29	0.690	+34.5

注：各种道路采用不同设计标准的能耗密度增减值，以打★者作为基准值。

二、全、半夜灯运行方式

现在城市的主干道很宽，许多道路的功能照明采用了双光源或多火灯，而下半夜车辆稀少，对照明质量的要求可以适当降低；此外，现在很多三块板式的道路结构，在照明设计时通常考虑了快、慢车道的照明，而在后半夜，慢车道的非机动车和行人很少，对照明的要求不高。对于这些情况，采用全、半夜灯的运行方式，可以取得很好的节能效果，见表 9-3。

两种全、半夜组合方式的节电比较 **表 9-3**

全夜灯功率（W）	半夜灯功率（W）	年亮灯时间（h）	半夜灯时间（h）	与纯全夜方式的能耗比值（%）	节电率（%）
250	150	4200	5	0.788	21.2
400	250	4200	5	0.783	21.7

三、智能化控制

城市照明的智能化控制，特别是路灯“三遥”监控系统的发展，是具有高技术含量的路灯控制系统。它利用有线或无线的传输方式，使用计算机系统对路灯的启闭、运行状态、故障监测等进行遥控、遥测、遥信，从而实现对路灯的远距离监控和管理，可按现场实际情况，通过天文钟、智能探头或内部编程、远程计算机遥控，实现时控、光控、程控等多种智能化控制，为缓解电力紧张形势，利用智能化控制达到了节能目的。

以开灯控制为例，在江南一年中晴天约有 1/3，多云的天气为 1/3 强，阴雨天为 1/3 弱。其中，通过光控来控制比定时控制，在晴天会比多云天晚 5～10min，比阴雨天晚 15～35min。经统计，其分布概率如表 9-4 所示。

智能开灯控制节电概率　　表 9-4

5min	10min	15min	20min	25min
20%	10%	10%	10%	10%

计算（5×20%＋10×10%＋15×10%＋20×10%＋25×10%）×365/60＝48.7h，因此去除其他一些干扰因素，通过光控来调整开灯时间，亦可以全年节电1%左右。

四、合理的养护管理制度

再好的设备时间长了其性能也会改变。光源的光衰减、寿命的缩短及光色的变化，还有不可忽视的照明灯具污染都会造成光通的损失。由于光源和照明器的污染，使光通降低，这是造成能源浪费的原因。

因此应将光源的有效寿命、灯的更换周期及灯具清扫间隔等作为设计时予以考虑的因素，加强管理，制定合理的养护管理制度，及时修复故障灯，减少照明设施维护期的光损失，提高其节能效果，定期更换寿命到期、光通量降低的光源，改变重建设轻管理的错误观念，照明工程重建设更要重长效管理。而在设计时，考虑到将来的养护管理工作，多采用维护管理容易的照明方式、照明器具和光源，将可减少维修的人力工作，也是间接发挥节能的效果。

第四节　江苏省部分城市照明节能现状

根据《江苏省城市绿色照明节能评价体系研究》课题组在江苏省部分城市的调研，目前江苏省内地市级城市的节能工作均已全面开展，以下是部分城市的照明节能现状。

一、南京市

1. 新技术应用

积极响应国家提出的节能限定指标，在设计中进行功率密度值计算，并在设计时总结得失，保证照明效果与节能效果并重。

2. 新工艺、新材料应用

（1）高效光源

高光效光源是近年来许多灯具厂家采用新工艺开发出来的新产品，在节能方面，投入少、效果好。目前建设项目中推广高光效光源的应用。

（2）新节能产品

目前响应国家节能号召，市场上出现了多种类型的节电电气产品。南京已在环陵路、恒达路、友谊河路、徐庄软件园采用变功率镇流器、降压节电器。

（3）新材料

路灯变压器选用先进的节能型非晶合金变压器，其铁心采用非晶合金带材卷成，能耗低，空载损耗较普通变压器下降80%，降低了总发热量，利于散热。

二、常州市

1. 优先选用节能型的照明设计方案

在设计时严格遵守设计规范，依照道路性质、幅宽、人行流量及所处地理位置，合理地确定照度，在保证一定的照度时严格控制照明功率密度，避免为“求亮”而浪费能源。同时设计时统筹考虑节能方式，如节电器的安装、无功功率的补偿、半夜灯分线控制、合理的供配电方式等。

2. 推广使用高光效电器产品

在光源上，用高光效、低能耗的高压钠灯、金卤灯、节能灯等取代低光效、高能耗的光源。目前高压钠灯和节能灯已是我市城市照明主流光源，其光效是普通钨丝灯泡的6～10倍，即在同等功率的条件下能发出高出数倍甚至十多倍的光能。同时近年来，景观照明成为城市照明中的新兴分支，常州市城市照明管理处在不断摸索中寻求节能点，主要是着力于功耗小、寿命长的LED开发与应用，而光效只有LED50%以下的传统霓虹灯慢慢退出景观照明领域。在灯具上，优先选用IP防护等级高（密封式灯具必须达到IP65以上）和配光曲线好的照明灯具，目前常州市道路照明尤其是主干道上采用的都是功能型、防护等级高于IP65、反射效率高（确保70%以上）的国内一流品牌或合资品牌的灯具，确保有限能源和光源被充分照射到被照面上。在电器上，针对气体放电灯负的伏安特性，进行电容补偿，将功率因数提高至85%，不仅降低了无功损耗，而且可以适度减小电缆截面，降低工程造价。

3. 适度推广节电器

从90年代末期，常州市已开始推广使用节电器装置，针对下半夜电网负荷小、电压高和交通流量低的情况，采用调压节电器，适度降低光源的工作电压，从而既达到了节电的目的，又延长了电器寿命。这种节电器是目前城市照明领域较为普及的节电措施，其优点较为显著，对电网电压无污染，操作简便，节电率达20%～25%。但是这种节电器会对送电半径末端部分照明设施运行及路面照度有一定影响，必须有针对性地选择相对适应的区域（主要为道路）使用。

4. 积极采用科学有效的控制系统

目前无线三遥监控系统已进入成熟稳定运行期，道路照明和景观照明已实现了基本电脑化自动监控，即采用集中和分时相结合控制方式，既可根据每个季节日出日落的不同时间进行开关灯控制，又可根据城区、郊区的不同地理位置进行分组开关，还可以利用光采集器对天气变化造成的光照度变化做出及时反应，就是我们通常所说的半夜灯和光控开关，使城市照明开关更为科学合理，减少因开关灯时间误差造成的电费损失。以开灯时间为例，江南地区一年中晴天约有1/3，多云天气为1/3强，阴雨天为1/3弱，其中通过三遥智能光控开关比定时控制，在晴天会比多云天晚5～10min，比阴雨天晚15～35min，通过概率计算，使用三遥智能光控全年可节电1%。当然在后半夜人、车流量普遍减少，对照明要求不高的情况下，启动半夜灯控制模式，关闭部分照明设施，也可以有效地节约电能。目前，常州市城市照明设施（常州市城市明管理处管辖）均纳入了统一系统进行监控，遥控终端已发展到153个，占所有配电设置总量的24%，共计29%的装灯总功率处于半夜灯状态。

5. 规范执行日常维护管理制度

运行中的光源和灯具会受到空气的污染，使光通降低，从而造成能源浪费。因此我们制定合理的照明设施维护管理制度，及时修复故障灯，定期更换寿命到期、光通量降低的光源，同时不定期清洁灯具，确保照明设施发挥最大发光效率。

三、无锡市

1. 制定切实可行的“绿色照明规范”。综合考虑影响照明用电的所有因素，合理选择照明标准、照明方式和照明控制方式，提高照明利用系数和照明维护系数，最大限度地节约城市照明用电；

2. 城市照明节能应采用能耗控制指标来进行控制。对不符合能耗控制指标的现有城市照明系统（包括光源、灯具和整个照明供配电系统）进行节能降耗改造，通过科学的照明设计，用高效的城市照明产品替换传统的低质高耗产品；

3. 制定切实可行的光源控制标准，采用光效高、寿命长、显色性好、安全及性能稳定的电光源，淘汰光效低、能耗高的白炽灯、汞灯等光源；

4. 采用发光效率高的灯具。常规道路照明的灯具效率须≥75%，泛光照明的灯具效率须≥65%；推广使用新型环保能源与光源——太阳能及其灯具；

5. 加强城市照明管理，控制照明负荷，制定合理的城市照明设备的维护周期和维护制度；

6. 升级现有三遥设备为五遥系统，采用智能化控制系统，对城市景观照明进行分级控制，并根据地区的地理位置和自然条件确定合理的开关时间，以达到节约能源、延长光源寿命、改善环境、提高城市照明服务质量和方便管理维护等目标；

7. 加强绿色照明的宣传力度，加大“四新”产品的推广应用力度；

8. 积极应用试点太阳能路灯的建设，通过一批太阳能路灯的建设，初步形成了离网型、市电结合、独立太阳能电站等多种形式的太阳能路灯，总结了一些经验，为继续推广实施奠定基础；

9. 积极推动实施能源合同管理模式进行节能降耗的试点工作，共有 21 处配电设施予以改造，有 4 家单位参与建设试点。

四、苏州市

1. 道路照明的运行方式

从道路照明的运行控制方面着手，针对不同道路的特性，调整道路照明的运行方式，如安装在机、非隔离带上的双挑路灯，非机动车道侧的光源改为半夜运行；支路、次干道道路形式为一块板的，路灯为两侧布灯的，将其中一侧路灯改为半夜运行。景观照明的运行方式是，确保夜间旅游项目的景观灯光每天运行，其他景观照明则是每周五至周日、节日及重大活动的晚上运行。

2. 变功率镇流器的运用

变功率镇流器是针对路灯单灯节能的技术，安装在灯具内，利用气体放电灯在工作电流适当减少时，仍能正常运行的原理，通过后半夜增加镇流器电抗，从而降低光源电流，减少灯具中电耗占主要比例的光源电耗，达到路灯系统整体节能的目的。目前苏州市照明管理处对光源在 250W 以上、且灯具内有改造空间的路灯进行改造，设定路灯运行 4h 后，启动变功率运行，达到节电目的。

3. 降压节电控制器的运用

降压节电控制器技术是将节电器安装在照明回路的电源侧，具有改善供电品质，三相电压输出稳定，避免光源过压运行，节电率可调节等特点。我处对该技术也进行了运用，具体为当路灯达到正常工作状态后，节电器自动调整输出功率，将电压稳定在220V，避免光源过压运行，节省了因过压造成的额外电能消耗，当后半夜街上人少车稀，对道路亮度要求不高时，节电器自动调整输出功率，适当降低回路电压（>205V），从而明显地降低了电能消耗。但苏州道路照明的电源大部分来自公用变压器，电压不是太高，电压调整幅度有限，因此通过降压手段来达到节电的效果不是很明显。

4. 电子镇流器的运用

电子镇流器自身能耗相对于电感式镇流器低，无需电容补偿，功率因数可达0.95以上，电子镇流器具有恒功率输出，启动电流小，还可按客户要求定时调节输入到灯泡的功率大小，改变光照度，从而达到后半夜低功率运行。

5. 节能灯的运用

在新村小区中对道路照明的光照度质量要求不高，且灯间距较近，多使用50W汞灯，但其光效低、自身损耗大、功率因数低，而节能灯自身损耗小、工作电压宽、功率因数可达0.95以上、光效上25W节能灯相当于50W汞灯，目前在部分小区使用23W节能灯进行了替换。

6. 新的节能光源应用

在景观照明中，主要是新的节能光源应用，如：LED光带替代美钠管，LED光管替代T5、T8等光管，LED投光灯替代传统投光灯，LED光源替代卤素灯、节能灯光源在庭院灯、地埋灯等灯具中的使用。

五、南通市

1. 按照规划规定的照明标准，进行多方案的照明设计与计算，优化出最佳的照明方案。

2. 合理选择照明光源，道路照明绝大部分选择高压钠灯，少数景观道路选择金属卤灯，淘汰光效低、能耗高的白炽灯。选择节能评价值符合国家现行有关光源和镇流器能效标准规定的产品。

3. 选择高效率的灯具时，在满足光强分布和眩光限制前提下，灯具效率应符合：常规道路灯具不低于70%，泛光灯具不低于65%。太阳能路灯具有高投资晚回报，造价偏高，受自然因素的限制也多，光照范围窄，太阳能路灯的开、关灯控制问题，蓄电池问题，致使目前还不宜在道路照明中应用，有条件时，可在公园、小区、广场道路上应用。

4. 在有条件的情况下，尽量采用节能电感镇流器，100W以下光源宜采用电子镇流器。

5. 装设补偿电容，应根据可能条件进行集中或分散电容补偿，以提高照明系统的功率因数，降低线路损失，提高线路电压质量，气体放电灯线路的功率因数不应低于0.85。

6. 依据《城市道路照明设计标准》中的规定，根据不同季节合理确定路灯的开关时间。道路照明开灯时的天然光照度水平宜为15lx，关灯时的天然光照度水平，快速路和主干路宜为30lx，次干路和支路宜为20lx。

7. 根据交通流量、路况等实际情况尽可能实行半夜灯。

(1) 采用双光源灯具（或在同一杆上重叠安装两台灯具）。下半夜交通流量小时关闭同一灯具（或另一灯具）的一只灯泡。

(2) 采用双功率镇流器，即能自动降低灯泡功率的节能型电感镇流器或电子镇流器，以便下半夜自动降低灯泡功率，最多可降低40%的功率。

(3) 机动车道与非机动车道的两侧安装了四排路灯时，下半夜可关闭非机动车道侧的两排灯。但不允许关掉沿道路纵向相邻的两台灯具。

8. 制定照明灯具维护计划，提高光源光通量利用率。

一是当路面平均亮度（照度）降低到初始亮度（照度）的70%时就应该彻底清扫灯具。二是可引用灯具清洁率概念（定义为：按上列要求执行，即按时清扫灯具的灯具数除以灯具总数）。三是在每年冬季把灯具清扫维护工作交给承包商去做。

9. 严格执行道路照明节能标准，即执行照明功率密度标准，也就是单位路面面积的照明安装功率（W/m^2），经主管部门审核后方可施工。

六、扬州市

1. 统一监控、分段控制的统一管理模式；
2. 统筹功能照明与景观照明；
3. 通过规范设计建设改造具体项目；
4. 选用优于现行行业标准灯具效率值的灯具；
5. 优先选用高强度气体放电灯，发展二极管等高光效、低耗能灯具；
6. 有效提高功率因素；
7. 逐步使用双功率转换器；
8. 引入照明功率密度新型能耗指标；
9. 制定维护计划，定期维护；
10. 逐步推进节能型配电箱改造。

第十章　城市绿色照明及其评价体系

第一节　绿色照明及其发展

1991年，美国环保署首次提出“绿色照明”概念。“绿色照明”是指通过科学的照明规划设计，采用效率高、寿命长、安全和性能稳定的照明电器产品，改善和提高人们工作、学习、生活的条件和质量，创造高效、舒适、安全、经济、有益的环境，并充分体现现代文明。“绿色照明”自提出后，得到了联合国和世界上众多国家的关注，取得了相当的进展。实施绿色照明，也是我国建设节约型社会，实现可持续发展战略目标的必然要求，“绿色照明”最终要达到建成环保、高效、舒适、安全、经济和有益于环境和提高人们工作学习及生活质量的照明系统。

一、绿色照明内容

绿色照明不仅仅是一个节约用电的问题，比较完整的概念应该是通过科学的照明设计，采用效率高、寿命长、安全和性能稳定的照明电器产品，包括电光源、灯用电器附件、灯具、配线器材以及调光控制设备等，最终达到安全、经济、环保、舒适、文明的目的，提高人们工作、学习、生活的质量，有益身心健康并体现照明文化的现代照明。绿色照明应包括以下内容：

（一）保证照明质量

照明节能应在保证照明质量的前提下进行。以节能为目的的绿色照明工程，是高度重视照明行业的节能工作，在满足照明质量和视觉环境需求的前提下，不是通过降低照明标准来节能，而是充分运用现代科技手段，提高照明工程的设计水平，通过选择高效、节能的光源，提高照明器材效率和合理的运行维护管理来实现。

（二）节约用电

我国正在大力提倡建设节约型社会，提到绿色照明，大家首先想到的是节约能源。在我国，照明所消耗的电能约占电力总消耗的13%，这是一个相当可观的数字。

节约照明用电可从以下几个方面着手：

从照明时间来考虑：对于室外的照明，照明工具可以采用光控开关；对于室内，人们应该养成随手关灯的好习惯，这样能够使灯具的照明时间更有效，有利于节约能源。从照明方式考虑：有些建筑物、广场、道路的饰灯，一味地采用泛光照明，强调亮度，忽视了其表面的材质及周围的环境特点；而在城市的一些交通干道，由于路灯的安装角度存在一些问题，路灯照射方向固定，使得一些地方不能充分照明，无法达到理想的照明效果。

（三）保护环境，控制光污染

通过照明节电，从而减少发电量，即降低燃煤量，以此减少SO_2、CO_2以及氮氧化合物等有害气体的排放量。但如果绿色照明仅仅做到省电，降低大气污染还是非常不够的，它还必须保证适度的照明效果。日常照明中，要保证不干扰居民，不影响生态，不破坏景观。

（四）追求和谐，与环境协调

为了丰富人们的夜生活，越来越多的城市和风景区开始注意到夜晚的景观了，于是人们纷纷在墙壁、树木、花草上装上灯饰，使得城市或风景区的夜晚变得绚丽多彩。但是，这些灯具的不适当装饰，往往会破坏城市或风景区白天的景观，反而大大降低了城市或风景区在人们心中的美感。所以，照明不应该影响自然景观，而应与自然景观和谐的统一起来。

夜间光环境的设计绝不应当仅局限于满足照度标准这个水平上，设计人员除了应当具有必要的专业知识外，还需要了解人的活动规律，研究人的视线方向和心理感受。对街区景观照明要考虑建筑物造型、风格、功能和特征，通过处理光与影的关系，突出建筑的形体、层次、材质颜色及细部等等，确定不同部位的亮度分布，并且还要考虑与周围环境相协调问题。

（五）技术创新

技术创新首先应从照明的规划和设计出发，以“绿色”为前提，从更环保、更生态、更和谐的角度，合理布局光源的分布，有效地搭配光源的色调，充分体现城市的特色和文化品位，同时创新照明规划设计的方法和照明方式。

以节约能源、保护环境、促进健康为宗旨，积极推广绿色照明，抓好城市绿色照明示范工程，提高城市照明质量、努力改善城市人居环境。灯具开发、制造部门要树立生态、环保、节能的理念，开发新光源和新灯具，提高灯具的光转化效率，改善灯具的光照范围和效果。

二、我国绿色照明的发展过程

1993年，国家经贸委等13个部门制定了《中国绿色照明工程计划》。

1996年，“绿色照明”被列入“九五”重点节能项目，并成立了协调领导小组。

1996年9月，国家经贸委发布了《中国绿色照明工程实施方案》。

1997年11月，国务院颁布《中华人民共和国节约能源法》。从立法的高度，阐述了节能的意义、作用和重要性。

2000年3月，国家经贸委、建设部、质量技监局联合发布《关于进一步推进“中国绿色照明工程”的意见》（国经贸资源［2000］223号），提出：“进一步提高认识，加强领导；完善标准，制定办法，规范市场，强化监督和管理；采取有效措施、加快高效照明电器产品的推广应用”。从照明行业管理，尤其是电器、光源、灯具节能等方面提出明确要求。

2004年6月，建设部印发“关于实施《节约能源——城市绿色照明示范工程》的通知”（建城［2004］97号），首次提出在全国范围内开展《节约能源——城市绿色照明示范工程》。

2004年11月，建设部、国家发展和改革委员会联合发布《关于加强城市照明管理、促进节约用电工作的意见》（建城［2004］204号）。

2005年8月，建设部发布《关于进一步加强城市照明节电工作的通知》（建城函[2005] 234号），提出："大力推广节能新技术、新产品，努力降低城市照明电耗；积极开展城市绿色照明及节电改造示范工程"。

2006年3月，《中华人民共和国国民经济和社会发展第十一个五年规划纲要》中，再次将"绿色照明"列为"十一五"重点节能项目之一，明确提出了节能目标。

2006年7月，建设部发布《"十一五"城市绿色照明工程规划纲要》（建城[2006] 48号），在"持续推进城市绿色照明工程的重要性；'十一五'绿色照明工程指导思想、遵循原则和主要目标；工作重点；保障措施；"等四个方面做了进一步具体部署。

三、我国城市绿色照明发展中存在的问题

绿色照明是指"节约能源、保护环境、有益于提高人们的学习、工作效率和生活质量以及保障身心健康的照明"，其定义是一个理念性的概念，没有比较明确的定义性或定量性的指标，其内涵和外延在实践中在不断地充实和发展。从不同的角度和出发点，可以给绿色照明赋予不同的意义，这种情况在城市照明领域大量存在，一些组织和个人从其商业利益出发，对绿色照明的概念进行了不恰当的延伸、扩展及利用，带来很多矛盾和问题，但又没有适当的评判标准。由此而导致了我国城市绿色照明工作方面还存在一些问题。

1. 城市照明管理模式有待完善

目前国内各地按照不同财权与事权结合的财政体制，分别负责本辖区内的照明设施建设、改造与维护，尚未实行建设部提出的"统一管理、集中高效"的管理模式。不少城市功能照明由各地原路灯管理部门管理，景观照明则根据各地具体情况，管理部门不一而足，未能将景观照明和功能照明的管理有机地统一到同一个管辖部门，造成了国内城市照明管理方式、执行标准不统一、设施维护水平参差不齐、照明设施难以集中控制等问题，影响和阻碍了城市照明管理水平的提升，使城市照明品质难以保障，对我国城市绿色照明今后的发展产生不利的影响，城市照明管理模式有待进一步完善。

2. 城市照明专项规划编制工作进展缓慢

按照建设部发布《"十一五"城市绿色照明工程规划纲要》（建城[2006] 48号）的要求，各地要在2008年底前完成城市照明专项规划编制。截至目前，国内大部分城市尚未完成此项工作。

城市照明专项规划编制的滞后，造成设计不科学、建设和运行缺乏统一管理和整改投入不足等问题，制约了我国城市照明事业的发展，也阻碍了绿色照明的推进。

3. 缺乏专业的城市照明设计队伍

随着城市照明行业的飞速发展，城市照明设计专业人员数量相对匮乏。许多非照明专业设计单位进入照明设计市场，其技术人员的照明设计知识及技术水平低，不能科学地进行照明工程设计；部分设计单位及技术人员无设计资质，凭经验随意选灯和布灯，导致设计文件不符合专项指标规定，忽视照明工程的节能与环保，造成能源浪费与光污染。

4. 重景观照明建设，轻功能照明建设的现象普遍存在

随着城市生活水平的提高，以及展示城市形象，改善投资环境的需要，各地政府越来越重视城市景观照明的建设，但建设过程中片面追求高亮度、多色彩、大规模的倾向不断出现，不仅造成能源的极大浪费，也造成了眩光严重等光污染现象，影响市民的生活和健

康。部分地区对于保障市民基本出行需要的功能照明不重视，项目规划设计不合理，更有甚者，把功能照明当景观照明来做，追求“一路一景”，不考虑功能照明的基本技术指标是否符合要求。

5. 功能照明质量不达标

各地城市均有部分路段功能照明质量不达标，主要有照度过低、均匀度偏低、环境比不达标和眩光阈值增量超标等现象。有的是因为建设年份较早，设计不合理或设计选用标准太低；有的是因为照明设施服务年限较长，未能加以及时改造更新；有的是因为道路树木遮挡严重影响路面光分布；有的则是因为设施维护工作不到位。

6. 功率密度超标

各地城市部分功能照明和景观照明项目，都存在功率密度超标的现象，主要是一些新建的道路或景观项目。有些照明项目的建设中，设计、施工队伍缺乏相应资质，有的甚至是材料供应商临时招来的队伍，为推销产品而在项目中尽可能多用其产品；有的则是因为部分业主忽视城市照明建设的科学合理，片面追求超豪华、高亮度。

7. 光污染

各地城市部分项目还存在光污染的现象。灯具安装位置和投射角度不合理形成的光污染；维护工作不到位，导致灯具安装角度改变或遮光装置失去作用等情况造成光污染；有的室外景观照明灯光或广告灯光严重地影响了居民的日常作息；有的灯光严重地干扰了对交通信号的辨识，影响了正常的行驶和通行安全；有些项目的灯具上射光通过大，造成了对天文观测的干扰；有的景观照明对动植物生态产生了严重干扰。

8. 区域发展不平衡

城市照明中还存在着严重的区域发展不平衡。无论是设计水平、施工质量和维护水平，城区比郊区好，郊区比乡镇好，新城区比旧城区好，新建道路比老路好，新建小区比老小区好，在一些城中村和背街小巷存在不少城市功能照明盲区，不能满足基本通行需求。

第二节　城市绿色照明评价体系

一、建立城市绿色照明节能评价体系的意义

随着我国人民生活水平的不断提高，照明用电快速增长。统计数据表明，世界各国的社会照明用电约占该国全社会电力消耗总量的10%～20%，而我国的照明用电量约占全国电力消耗总量的12%。2009年我国全社会用电量为3.64万亿千瓦时，作为占我国照明用电总量30%以上的城市公共照明，2009年全年用电量超过了三峡电站全年发电量800亿千瓦时的1.6倍，而城市照明设施的数量也以约10%～20%的速度递增。以2009年的数字计算，按年节电30%计算，则可形成全年终端节电340亿度，全年可节约财政支出272亿元（以0.8元每度计算），全年可减少二氧化硫排放25万吨，二氧化碳排放约340万吨。推广绿色照明，节能减排的目标迫在眉睫，在行业内建立一个具有科学性、时代性、有效性、标准性的绿色照明节能评价体系是城市照明行业的规划、设计、施工、管理等环节从业人员急需解决的问题，其研究成果对行业的政策调控、功能照明、景观照明、

节能设备等方面的发展具有指导意义，是绿色照明节能推广的依据和保障。

节能评价作为一种科学的管理手段，是促进行业健康发展，有效推进绿色照明实施的方法，是提高资源利用效率、规范节能管理工作、提升管理水平和增加行业经济效益的有效途径。通过节能评价，城市照明行业能了解自身能耗现状，挖掘行业的节能潜力，由此来确定节能工作目标，促进行业节能工作的有效开展。

城市绿色照明节能评价体系的建立，将从根本上改变目前城市照明绿色节能没有评判标准的现状，让是否节能有据可依，最终推进城市照明向更为科学合理的方向发展，实现绿色照明的推广普及，带来巨大的经济效益。体系的建立将明确城市照明在规划、设计、施工中所要求的节能指标，在城市照明事业各环节上把握节能；体系还将促进节能器件行业的规范发展，提供更为优质的节能元件，并不断改进。绿色照明不仅仅是节能照明，而且是科学的节能照明，评价体系有助于将城市照明节能工作的推进落到实处，节能的方法跨越城市照明现有技术，节能的思想深入到每一个环节。

二、建立城市绿色照明评价体系的基础

城市绿色照明的评价体系的建立，应基于科学的照明测量体系，对城市绿色照明定位的把握，对照明设计标准的详细解读，对各类节能器件、光源的熟练使用。

1. 城市绿色照明的定义：通过科学的照明设计，采用效率高、寿命长、安全和性能稳定的照明电器产品，（电光源、灯用电器具附件、灯具、配线器材以及调光控制设备和控光器件），充分利用天然光，最终建成环保、高效、舒适、安全、经济、有益于环境和提高人们工作学习和生活质量的照明系统，充分体现现代文明的照明。

2. 对各种节能技术和节能措施的正确评价：如变功率镇流器，半夜后降功率，实现均匀度较好的节能照明；非晶合金变压器节省箱变损耗；LED灯、节能灯新光源的运用；太阳能、风能等新能源的运用等等。

3. 科学准确的照明测量体系：各类照明质量和能耗的技术参数都具备测量设备、方法和能力。

4. 可供依据的相关标准、规范和制度

如：《城市道路照明设计标准》（CJJ 45—2006）已对城市照明提出了规范性的要求，规定了机动车交通道路的照明功率密度限值。对照明器材的光源及整流器的性能也进行了规定；选择灯具常规道路照明灯具效率不得低于70%，泛光灯具效率不得低于65%，气体放电灯功率因数应大于等于0.85。

已有相关标准、规范和制度有：

《城市道路照明设施管理规定》（建设部令第104号）

《关于实施＜节约能源—城市绿色照明示范工程＞的通知》（建城［2004］97号）

《关于加强城市照明管理促进节约用电工作的意见》（建城［2004］204号）

《关于进一步加强城市照明节电工作的通知》（建城函［2005］234号）

《关于印发＜“十一五”城市绿色工程规划纲要＞的通知》（建办城［2006］48号）

《城市道路照明工程施工及验收规程》（CJJ 89—2001）

《城市道路照明设计标准》（CJJ 45—2006）

《城市夜景照明设计规范》（JGJ/T 163—2008）

三、城市绿色照明评价体系的具体内容和主要技术、经济指标

城市绿色照明体系要实现绿色节能从理念到实际的转换，做到节能有据可依，对照相关设计标准，结合实际经验得出量化指标。城市绿色照明体系主要的内容包括以下几方面：

1. 功能照明，是城市照明的主体，绿色照明的首要目标。评价体系紧密结合最新的《城市道路照明设计标准》(CJJ 45—2006)，从照度、LPD值、照明设备节能效率等方面做全面评价。

2. 景观照明，占据城市照明容量的比例不断提高，设备复杂，范围广，对该类照明的节能评价体系更为重要，从照明光源电器入手评价各类景观灯具的节能性能，结合照度指标进行全面评价。

3. 照明设备是否绿色节能的评价，对LED、太阳能照明设备、功能灯灯具从用电节能、投资合理性、使用材料环保性等各方面进行综合评价。

4. 政策体系，符合相关法律法规规定的评价方法，与现有技术水平相适应的评价指标，符合节能减排大方向的政策与规定。

城市绿色照明评价体系的主要技术、经济指标及社会、经济效益包括：

技术指标：照度、LPD值；太阳能、风能等新能源照明设备效率；LED等新光源节能效率、照明节能设备节能效率。

经济指标：在某个时间某个范围内，投资额外增加大小与节省电能价值的比例。

经济效益：绿色节能照明器件在整个照明设备中比例的上升率，国家总体能耗可预见的下降率。

第三节　江苏省城市绿色照明评价体系介绍

《江苏省城市绿色照明节能评价体系研究》课题是由南京市路灯管理处、苏州市城市照明管理处、无锡市照明管理处（无锡照明管理处）、常州市城市照明管理处共同中标的2008年度省建设系统科技项目课题。于2009年完成课题研究并通过评审。

该课题的研究，通过对江苏省各地的典型道路（包括快速路、主干路、次干路、支路等各级别道路）以及主要景观照明项目的照明现状、规划实施、设计指标、节能方案、节能设备等的全面调研与分析，参照国家、省有关文件的要求，研究制定符合省情的城市绿色照明节能评价体系并对节能技术和节能产品进行理论分析与实施测量，给出科学公正的节能水平与效益的综合评估。

具体内容如下：

一、江苏省城市绿色照明现状与问题

(一) 城市照明管理模式有待完善

省内各地按照不同财权与事权结合的财政体制，分别负责本辖区内的照明设施建设、改造与维护，尚未实行建设部提出的“统一管理、集中高效”的管理模式。不少城市功能照明由各地原路灯管理部门管理；景观照明则根据各地具体情况，管理部门不一而足。未

能将景观照明和功能照明的管理有机地统一到同一个管辖部门，由此造成了省内城市照明管理方式、执行标准不统一，设施维护水平参差不齐、照明设施难以集中控制等问题，影响和阻碍了城市照明管理水平的提升，使城市照明品质难以整体得到提升，对江苏省城市照明今后的发展产生不利的影响，因此，城市照明管理模式有待进一步完善。

（二）城市照明专项规划编制工作进展缓慢

按照《关于印发＜江苏省城市照明专项规划编制纲要（试行）＞的通知》（苏建城［2005］275号）的要求，各省辖市要在2006年底前完成城市照明专项规划的编制或修订完善工作，各县（市）要在2008年底前完成。但截至目前，仍有镇江、泰州、连云港、盐城、宿迁5个省辖市未完成规划的编制工作，尚无县（市）完成此项工作。

城市照明专项规划编制的滞后，造成设计不科学、建设和运行缺乏统一管理和整改投入不足等问题，制约了江苏城市照明事业的发展，未能形成统一合理的城市照明框架。

（三）缺乏专业的城市照明设计队伍

随着城市照明行业的飞速发展，城市照明设计专业人员数量相对匮乏。许多非照明专业设计单位进入照明设计市场，部分管理或技术人员的照明设计知识或技术水平低，不能科学地进行工程的设计和建设；还有些设计部门或技术人员无设计资质，往往是凭经验随意选灯和布灯，以致设计文件缺乏专项指标测算依据，忽视照明的节能与环保，造成能源浪费与光污染。

（四）重景观照明建设，轻功能照明建设的现象普遍存在

随着城市生活水平的提高，以及展示城市形象，改善投资环境的需要，各地政府越来越重视城市景观照明的建设，但建设过程中片面追求高亮度、多色彩、大规模的倾向不断出现，不仅造成能源的极大浪费，也造成了眩光等光污染现象，影响了市民的生活和健康。对于保障市民基本出行需要的功能照明不重视，项目规划设计不合理，甚至不能满足市民夜间安全出行的需要。更有甚者，把功能照明当景观照明来做，追求“一路一景”，不考虑路灯的基本技术指标是否符合要求，造成“灯亮路不亮”。

（五）功能照明质量不达标

各城市均有部分路段功能照明质量不达标，主要有照度过低、均匀度偏低、环境比不达标和眩光等现象。有的是因为建设年份较早，设计不合理或设计选用标准太低；有的是因为照明设施服务年限较长，未能加以及时改造更新；有的是因为道路树木遮挡严重影响路面光分布；有的则是因为设施维护工作不到位。

（六）功率密度超标

各城市部分功能照明和景观照明项目，存在功率密度超标的现象，主要是一些新建的道路或景观项目。有些照明项目的建设中，设计、施工队伍缺乏相应资质，有的甚至是材料供应商临时招来的队伍，为推销产品而在项目中尽可能多用其产品；有的则是因为部分业主忽视城市照明建设的科学合理，片面追求超豪华、高亮度和多色彩。

（七）光污染

各城市部分项目还存在忽视照明的节能与环保的现象，灯具安装位置和投射角度不合理；维护工作不到位导致灯具安装角度改变或遮光装置失去作用等情况，造成光污染；有的室外景观照明灯光或广告灯光严重地影响了居民的日常作息；有的灯光严重地干扰了对交通信号的辨识和影响了正常的行驶和通行；有些项目的灯具上射光通过大，造成了对天文观测的干扰；还有的光污染对动植物生态产生了严重干扰。

（八）区域发展不平衡

城市照明中还存在着严重的区域发展不平衡。无论是设计水平、施工质量和维护水平，城区比郊区好，郊区比乡镇好，新城区比旧城区好，新建道路比老路好，新建小区比老小区好，在一些城中村和背街小巷还有不少照明盲区，不能满足基本通行需求。

二、江苏省城市绿色照明评价体系

（一）评价体系概况

整个评价体系包括三部分内容：

第一部分是江苏省城市照明节能技术指南，这是江苏省绿色照明节能工作的技术指导性文件，随着技术和产品的进步，应适时的进行修订。

第二部分是城市绿色照明评价指标体系，包括评价对象、数据来源、评价办法、评价指标、评分标准、指标解释和评价等级。

评价对象：考虑到绿色照明的内涵、工作范围和涉及面，本体系评价对象界定为省辖市、县（市、区）。数据来源：各地统计资料、各地提供的相关数据和现场检查测量的数据。

第三部分为绿色照明节能技术评价体系，对不同绿色照明技术的节能效益进行研究分析，评价节能成效。

（二）江苏省城市绿色照明评价指标及解释

1. 评价指标评分表

江苏省绿色照明评价体系给出了具体完整的评价指标评分表，满分为100分，评价指标评分表见附录2。绿色照明评价体系的评价指标共涉及综合指标、规划设计专项指标、设施建设专项指标、维护管理专项指标四大类。其中：

综合指标满分20分。包括城市照明架构指标5分，评价内容包括城市照明管理机构、城市照明管理制度、城市照明结构三个子项；城市光环境指标10分，评价内容包括夜间光环境舒适性、夜间光环境美观性、干扰度和安全度四个子项；科技创新指标5分，评价内容包括鼓励政策、财政投入、科研项目三个子项。

规划设计专项指标满分25分。包括规划编制指标5分，评价内容包括城市照明专项规划一个子项；规划实施指标5分，评价内容包括项目实施与规划一致性、设计与规划一致性、规划论证制度三个子项；器材选用指标5分，评价内容包括器材选用合理性一个子项；照明设计指标5分，评价内容包括设计合理性一个子项；节能技术应用指标5分，评价内容包括节能措施、经济性、电能质量三个子项。

设施建设专项指标满分25分。包括高效低耗产品使用率指标10分，评价内容包括功能照明高效光源使用率、景观照明高效光源使用率、配套电器及附件功率损耗、高效灯具使用率、功能照明无高耗照明产品使用现象六个子项；功率密度值指标10分，评价内容包括快速路、主干道功率密度值、次干道功率密度值、支路功率密度值、多层建筑功率密度值（11层及以下）、高层建筑功率密度值（11层以上）五个子项；城市道路装灯率指标1分，评价内容包括道路装灯率一个子项；质量控制指标4分，评价内容包括按图施工、专项验收两个子项。

维护管理专项指标满分 30 分。包括资金保障指标 3 分，评价内容包括维护资金及时足额拨付、节能奖励经费两个子项；节能管理指标 4 分，评价内容包括节能管理制度、节能台账齐全两个子项；维护质量指标 11 分，评价内容包括功能照明亮灯率、景观照明亮灯率、设施完好率、维护系数、零配件更换、照明器材回收利用六个子项；节能控制指标 7 分，评价内容包括智能化控制、统一控制、照明时间控制三个子项；节能成效指标 5 分，评价内容包括节电率一个子项。

2. 评价指标的规定和解释

该评分表对具体的评价指标均明确了评价内容、评价依据、评价方法、评分标准和标准分，具体明确的评分表使得绿色照明评价体系具备了实际可操作性，见以下实例。

指标序号：1.2

指标名称：城市光环境

指标类别：综合指标

子项数量：4

子项 1：

指标内容：夜间光环境舒适性。

指标功能：检查有无严重光污染现象、对交通信号识别的光干扰现象和对居民住宅的光干扰现象，衡量城市光环境舒适度。

指标属性：定量

评价办法：现场检查

评价标准：

检查有无严重光污染现象，无此类现象得 1 分；发现一处，扣 0.1 分。

检查对交通信号识别的光干扰现象，无此类现象得 1 分；发现一处，扣 0.1 分。

检查对居民住宅的光干扰现象，无此类现象得 1 分；发现一处，扣 0.1 分。

指标依据：《城市夜景照明设计规范》(JGJ/T 163—2008)

指标序号：2.1

指标名称：规划编制

指标类别：规划设计专项指标

子项数量：1

子项 1：

指标内容：城市照明专项规划。

指标功能：检查有无城市照明专项规划。

指标属性：定量

评价办法：现场检查

评价标准：

编制完成且批准实施的，得 5 分；编制完成尚未批准实施的，得 3 分；未编制完成的不得分。

指标依据：

《关于加强城市照明管理促进节约用电工作的意见》(建城［2004］204 号)："各城市应在 2008 年以前完成城市照明专项规划的编制工作。"

指标序号：3.1

指标名称：高效低耗产品使用率

指标类别：设施建设专项指标

子项数量：6

子项2：

指标内容：景观照明高效光源使用率。

指标功能：检查城市景观照明中高效光源的使用比率，衡量城市景观照明高效光源应用水平。

指标属性：定量

评价办法：现场检查与资料检查

评价标准：

城市道路高效光源使用率达到90%，得2分；每降1%（取整），扣0.1分。

指标依据：

《"十一五"城市绿色照明工程规划纲要》："高光效、长寿命光源的应用率达85%以上"

指标序号：4.2

指标名称：节能管理

指标类别：维护管理专项指标

子项数量：2

子项1：

指标内容：节能管理制度

指标功能：检查城市照明有无节能管理制度。

指标属性：定量

评价办法：资料检查

评价标准：

有节能管理制度，得2分；没有，则不得分。

3. 评价等级表

对于评分的结果，绿色照明评价体系还给出了等级评价的依据（见表10-1），对不同的评价指数，给出评价等级和总体的定性评价。

评价等级表　　**表10-1**

等　级	评价指数	备　注
○	<60	不达标、亟需整改的
★	≥60	初级
★★	≥70	中级
★★★	≥80	良级
★★★★	≥90	优秀级
★★★★★	≥95	优秀示范级

第十一章　光环境管理

第一节　光环境的法制管理

一、我国光环境法制管理现状

天津市 1999 年曾颁布过《城市夜景照明技术规范》，是我国第一个有关夜景照明的技术规范。2004 年 9 月 1 日，全国首部城市照明规范《上海市城市环境（装饰）照明规范》正式实施，但是该《规范》却只是一部行业技术规范，不具法律强制力。目前我国缺少相应的城市照明规划建设标准和光污染控制标准。这使得光环境问题处于法律的真空地带，非常难于管理。

根据法律的立法精神、目的及相关学理解释，在我国《宪法》、《民法通则》、《环境保护法》中实际已隐含了对光污染的规制，具备了处理光污染案件的直接或间接的法律依据。但是“光污染”在我国现行立法中没有明确具体规定，目前我国针对不同污染要素已分别制定了单行法规，如《水污染防治法》、《大气污染防治法》、《环境噪声污染防治法》等，唯独缺乏针对光污染防治的立法，因此不能有效地解决和处理由于光污染产生的民事纠纷，无法充分地维护受侵害人的利益。

《宪法》第 26 条规定：国家保护和改善生活环境和生态环境，防治污染和其他公害。光环境是整体环境不可分割的组成部分，光污染是环境污染的具体形态之一，因此该条款也隐含了国家保护光环境、防治光污染的规定。但宪法的根本大法性质决定了其对哪些行为、现象属于光污染无法作出详细规定，这就需要其他法律法规予以确认。

《环境保护法》第 24 条规定：“采取有效措施，防治在生产建设或者其他活动中产生的废气、废水、废渣、粉尘、恶臭气体、放射性物质以及噪声、振动、电磁波辐射等对环境的污染和危害。”其中“等”字应理解为包括该法制定时没有预见到的其他污染形态，所以光污染也应列为须采取有效措施防治的对象。但《环境保护法》毕竟没有直接规定光污染以及进行光污染防治，而且《环境保护法》的另一个缺陷在于没有规定光污染的环境标准，以至于难以确定损害后果。环境标准不仅是环境保护法的立法基础，而且也是环境执法的依据以及解决环境纠纷的重要手段。

环境保护纠纷。在实体法对光污染缺乏规范的情况下，有关环境保护纠纷解决程序的法律法规（《行政诉讼法》、《行政处罚法》、《民事诉讼法》、《刑事诉讼法》等）也未涉及追究造成光污染者的行政、民事、刑事责任的规定。总之，光污染在我国环境法体系中还是一片空白。

地方性法规。与国家的环境保护法律、法规不同的是，在一些有关环境保护的地方性法规、规章中则明确提及了光污染的防治，如《山东省环境保护条例》、《珠海市环境保护条例》、《厦门市建筑外墙装饰管理暂行规定》等地方性法规、规章。地方性光污染防治法律法规由于具有效力的低层次性和适用的局限性，不足以保障全体公民的权益；而其救济制度的模糊不清，配套措施未能跟进也是其存在的弊端。

二、光环境法制管理建设重点

（一）制定光污染的环境标准

应当明确光污染的构成条件，光环境标准的制定至关重要，它是光污染防治法所要解决的核心问题。光环境标准不仅是判断光污染行为是否构成侵权的依据，也是解决环境纠纷的重要手段。

为控制城市建设中玻璃幕墙产生的光污染，我国有关部门曾制定发布了一些技术规范，如建设部 1996 年发布的《玻璃幕墙工程技术规范》（JGJ 102—96），1997 年发布的《加强建筑幕墙工程管理的暂行规定》（建［1997］167 号）等。这些规定对控制玻璃幕墙的光污染产生了一定的效果，但大量的其他光污染仍缺乏有效的法律控制，因此，建立“光环境标准”制度，有利于加强环境监测手段和预防措施的研究，减少光污染的产生。

（二）建立监督管理体制

要建立和加强环保部门的监督。环保部门具有其他主体所不具有的专业性，这在一定程度上缓解了光污染认定上的困难。环保部门所拥有的职权与职责，决定了其在解决光污染事宜时的高效率及低成本。另外建立社会公众的监督。光侵害事实上是一种感觉性的侵害，社会公众作为最直接的感受主体，是非常重要的监督主体。当公民认为受到光污染侵害时，可向环保部门投诉，也可向法院起诉。

（三）建立光污染行为的法律责任制度

在民事责任方面主要解决两个方面的问题：第一，损害赔偿范围的界定。除了赔偿受害者相应的人身和财产损失外，应该设立赔偿因光污染而给人们带来的精神上的损害。第二，损害赔偿数额的确定。光污染所造成的损害赔偿数额，涉及一个数额评估和计算问题，法律应当给出一个赔偿数额的基本原则，并由相关机构进行评估。在行政责任方面，明确规定行政处罚的措施及自由裁量的权限。

（四）在《环境保护法》中明确光污染

《环境保护法》作为一部保护环境的基本法，明确提出光污染并规定光污染，对防治环境污染具有举足轻重的意义。制定防治光污染的单行法——《光污染防治法》，对光污染这一概念进行界定，规定光污染标准（污染标准非常重要，因为它是界定污染与非污染、侵权与非侵权的界限）、防治措施、法律责任等等。

三、光环境法制管理实践

（一）江苏省光污染防治条例

随着经济建设的快速发展和城市化进程的加快，城市环境光污染问题日益突出，光污染防治工作逐渐被提上议程。为了解决光污染问题，保障人体健康，弥补光污染防治程序上的空白，根据对苏州市、宜兴市、黎里镇的实际调研及后续分析，拟制订一份《江苏省光污染防治条例》。（附录 3.1）

编制该条例的组成框架时参考了《江苏省城镇环境噪声污染防治条例（草案）》、《浙江省大气污染防治条例》、《南京市水污染防治管理条例》、《江苏省太湖水污染防治条例》等国内现有的污染物防治条例，分为总则、环境光污染防治监督管理、环境光污染污染防治、法律责任、附则共五章三十二条。编制光污染防治条款的具体内容时参考了《The Shielded Outdoor Lighting Act》、《California Outdoor Lighting Standards Synopsis》、《Outdoor Lighting Baseline Assessment Project，CEC Contract》、《Certain Outdoor Lighting Fixtures Funded by the State》等美国现有的光污染防治条款，提出了光污染防治的具体管理实施方案和措施，并对造成光污染侵害的行为提供了处理的法律依据和解决赔偿方案。本条例结构比较合理，内容较有特色，具有较强的针对性和可操作性。

条例的第二条给出了关于环境光污染的概念。虽然国际上早有描述：一般将光污染分成3类，即白亮污染、人工白昼和彩光污染。但这只是一个概念上的分类，而非光污染的具体定义。为了进一步明确本条例的调整对象，对环境光污染的概念予以界定。故在此定义：本条例所称环境光污染，是指由不适当的自然光反射或者不合理人工光照，导致的违背人的生理与心理需求或有损于生理与心理健康，带来对生态环境产生负面影响的现象。包括眩光污染、人工白昼、彩光污染以及紫外线污染、红外线污染和视觉污染等。

第十五条规定新建居住组团和住宅楼内不得建设或者使用可能产生环境光污染的设施、设备。第十六条规定反光材料应当合理安装，符合安装规范，不得对相邻各方造成环境光污染。已经安装使用的反光材料设备对相邻方造成环境光污染的，应当停止使用、重新安装或者采取遮蔽等措施，消除光污染。

新建建筑物在建筑设计时应当合理安排反光材料的安装。

前者是针对类似于前文所提到的浙江、上海的玻璃幕墙或强反光材料造成的光污染侵害案件而提出的。由于《城市环境装饰照明规范》并没有明确规定违反规范造成人身侵害所能得到的具体赔偿措施，所以受害人只能得到终止侵害但无任何赔偿的判决。为维护受害人的合法权益，本条例第四章的二十八条规定违反本条例其他规定的，由环境保护行政主管部门或者其他依法行使照明监督管理权的部门、机构依照有关法律、法规的规定给予行政处罚。实行行政处罚权相对集中的地区，有关部门环境光污染防治监督管理的职责按照当地人民政府的规定执行。

后者是根据建设部出台的《节能建筑管理条例》加强建筑节能管理，降低建筑物使用耗能，提高能源利用效率，改善室内热环境质量，保护环境的要求而提出的。目的在于建立良好的室内光环境。

第十七条规定在居住区及其附近街道、广场、公园等区域，二十二时至次日六时期间不得进行产生环境光污染、影响周边居民正常休息的体育锻炼、娱乐等活动。在其他时间进行集会、体育锻炼、娱乐、促销等活动，使用器材所产生的光照不得超过区域照明相关标准；十八条规定营业性文化娱乐场所、体育场（馆）、集贸市场、餐饮业的经营者应当采取有效措施，使边界照明设施不超过规定的照明标准。

这主要是维护一些人口密集的居住小区人身健康。医学研究发现，人们长期生活或工作在逾量或不协调的光辐射下，会出现头晕目眩、失眠、心悸和情绪低落等神经衰弱症状。而作为夜生活主要场所光污染危害更是让人触目惊心，长期在人工白昼和彩光污染下活动和工作的人正常细胞衰亡，出现血压升高、体温起伏、心急躁热等各种不良症状。人体在光污染中首当其冲的是眼睛。瞬间的强光照射会使人们出现短暂的失明现象，普通的光污染也会造成人眼的角膜和虹膜的伤害，抑制视网膜感光细胞功能的发挥，从而引起视疲劳和视力下降。光污染除影响人体健康外，还会影响我们周围的环境。过度的城市夜景照明将危害正常的天文观测，专家估计，如果城市上空夜间的亮度每年以30%的速度递增，会使天文台丧失正常的观测能力，这已成为困扰世界天文观测的一个难题。目前夜晚小区附近的光污染源主要是有较大面积霓虹灯或广告灯箱不合理的建筑、景观照明；耀眼的街灯、车灯、信号灯等，有关光环境和光污染现状的调查在下面的问卷调查中有详细分析，具体处理办法在本条例第四章的二十七条：由公安机关责令改正，并给予警告；警告后不改正的，处二百元以上五百元以下罚款。

第十九条规定在城市市区建筑物集中区域内，禁止在二十二时至次日六时期间进行产生环境光污染的建筑施工作业，但抢修、抢险作业和因生产工艺上要求或者特殊需要必须连续作业的除外；第二十条规定在城市市区建筑物集中区域内，禁止从事下列工业生产活动：

（一）电焊；

（二）电弧；

（三）其他严重干扰居民正常休息的工业生产活动。电焊、电弧光产生的光污染侵害是在问卷调查时提及的，也是笔者在制定问卷时的疏忽。以上是为限制其他类型包括施工、生产中所产生的光污染侵害而做出的规定。违反本条例第十九条的，责令立即停止施工，可以处三千元以上三万元以下罚款；拒不停止施工或者再次施工的，可以封存产生环境光污染的设施或者设备；违反本条例第二十条规定，在城市市区建筑物集中区域内，从事本条例禁止的活动的，责令限期改正；逾期不改正的，可以封存或者责令拆除产生环境光污染的设施或者设备，并可处五百元以上五千元以下罚款。前款规定的封存期限，不得超过三日。

第二十三条规定在下列区域内禁止建设产生严重光污染的设施：

居住区和其他人口密集区；

医院、疗养院、学校、图书馆、幼儿园、老年公寓、机关、科研单位所在的区域；

风景名胜区、自然保护区、野生动植物保护区；

城市人民政府确定的其他重点保护区域。

以上是对城市范围内光污染的限制。处罚条例见本条例第四章的二十八条。

（二）光污染控制管理条例

管理条例的制定是一项牵涉广泛、纷繁芜杂的综合性过程。光污染控制管理条例作为污染控制单行法，在立法目标、立法模式、基本原则、主体制度等方面与其他污染控制立法有着很大程度的相似之处。制定光污染控制管理条例的主要依据主要有以下三个方面：

首先，要明确光污染。必须先用科学的手段确定光污染的质量标准、排放标准等。超过这些标准，危害人体健康，妨碍人们学习、生活和其他正常活动，破坏城市生态环境的光照现象即为光污染。引发光污染的原因既包括玻璃幕墙、霓虹灯等相对确定的光照，也包括车灯、电焊等流动光线。

其次，要制定有关光污染的防治措施和建立监督管理体制，将光污染防治纳入环境保护规划，采取有利于光环境保护的经济、技术政策和措施。随着近年来城市生活问题的日益突出，人们认识到城市的功能不仅仅是经济发展的枢纽，而且也应为人们提供舒适安全的工作、生活环境。因此，在现代城市建设中应合理规划布局，保护生活、工作环境的舒适及城市生态环境的平衡。可以将光污染纳入建筑物生产施工许可中环境评价的标准之一。另外，还应鼓励新技术，研制不产生光污染的可替代建筑材料以及可防止强烈光照的防护材料等。同时，还须由环保部门、城市规划建设部门监督管理，公众则通过诉讼、舆论等方式发挥监督作用。

最后，应针对造成光污染侵害的行为制定相应的罚则。其大致可分为三类：第一类是排除侵害，恢复原状。这对受害人而言是最佳的救济方法。因为这种救济方法可彻底地阻止侵害的发生，具有预防性特征，但是否允许强制排除侵害牵涉各种产业活动的社会效用和公共利益，因此这种救济方法的采用需要运用利益衡量原则。第二类是损害赔偿，即光污染侵害行为引起的财产损害、人身损害、精神损害的赔偿。财产损害赔偿应包括现有财产损失、可得利益的损失等；人身伤害赔偿可以侵权行为造成他人人身伤害引起的财产损失为标准；精神赔偿标准则应综合考虑侵害强度、时间、地点等因素。第三类则是惩罚性质的处罚。对实施光污染行为的侵害人处以罚款、没收、拘留等行政处罚，严重的甚至可以追究刑事责任。

本书著者在研究中，草拟了《光污染控制管理条例》(附录3.2)。本条例与《江苏省光污染防治条例》的不同之处主要在于，本条例从昼间与夜间两方面，分别对环境光污染、光污染防治等问题进行了界定。由于昼间与夜间的光环境情况、光污染源、产生的光污染现状，以及防治措施等都有很大区别，因此，有必要对昼夜间问题分别进行讨论。

条例第二十条，本法所称昼间光污染，是指在昼间的各类区域的室外使用固定的设备时辐射的影响周围生活环境的光，室外建筑反光材料的反射光以及因建筑物高低不一互相遮挡引起的光照妨碍。第二十五条，本条例所称夜间光污染，是指在夜间的各类区域的室外产生的干扰周围生活环境的光。向周围生活环境辐射光污染的，以及室内自身和向室外相邻环境的辐射，应当加强防护设施并予以监督，符合国家规定的光环境标准。

第二十四条，国务院有关主管部门对昼间可能产生环境光污染的照明设备及材料，应当根据光环境保护的要求和国家的经济、技术条件，逐步在依法制定的产品的国家标准、行业标准中规定光的度量值。目前已有一些相关标准可以依据，随着社会的发展，光环境问题的增多，相关标准也会有进一步的研究与确定。

对于夜间的光污染防治，本条例进行了更多的规定。既考虑到光污染的防治工作，又对突发事件有所交代。如条例第二十八条，在城市市区的避光区内，禁止夜间进行产生环境光污染的夜间作业，但抢修、抢险作业和因生产工艺上要求或者特殊需要必须连续作业的除外。因商业经营活动中使用固定设备造成环境光污染的单位，必须按照国务院环境保护行政主管部门的规定，向所在地的县级以上地方人民政府环境保护行政主管部门申报拥有的造成环境光污染的设备的状况和防治环境光污染的设施的情况。因特殊需要必须连续作业的，必须有县级以上人民政府或者其有关主管部门的证明。

在商业经营、城市街道、广场、公园等公共场所的娱乐、集会等活动，使用的照明设施都应当按照相应的标准执行，经营管理者必须采取措施，使其照度、亮度等不超过相应光环境标准。在使用家用电器、灯具或者进行其他家庭室内娱乐活动时，也应当控制亮度或者采取其他有效措施，避免对周围居民造成环境光污染。这些在本条例的三十条至四十条都作出了规定。

第二节 光环境管理的经济手段

一、环境经济手段的作用

可持续发展已越来越成为人们的共识，要实现经济与社会的可持续发展，必须加强环境保护。而要真正实施环境保护这一基本国策，就需要经济手段、法律手段、行政手段、教育手段等方面的配合与配套。随着市场化改革的不断深入，经济手段在环境保护中起着越来越重要的作用。因此，深入研究环境经济手段，不仅具有重要的理论价值，而且具有重要的现实意义。

运用环境经济的手段，建立国家的环境经济政策尤为重要。环境经济政策，是指按照市场经济规律的要求，运用价格、税收、财政、信贷、收费、保险等经济手段，调节或影响市场主体的行为，以实现经济建设与环境保护协调发展的政策手段。与传统行政手段的“外部约束”相比，环境经济政策是一种“内在约束”力量，具有促进环保技术创新、增强市场竞争力、降低环境治理成本与行政监控成本等优点。环境经济政策体系是国际社会迄今为止，解决环境问题最有效、最能形成长效机制的办法。

二、用经济手段管理环境的基本原则

用经济手段管理环境必须遵循如下基本原则：

(一) 效率与公平相结合的原则。环境问题的经济本质表现为效率低下，其社会本质则表现为有失公平。评价环境经济手段的优劣有几条标准，即环境效果、经济效率、社会公平、可接受性等，归根结底是两条标准：一是效率，二是公平。环境效果和可接受性本身都是基于效率和公平的考虑。效率与公平之间是相互影响、相互制约的。环境问题的低效率决定了不公平；相反，实行一种环境经济手段，如果不注意公平标准，比如给负外部性的减少给以补贴，导致的结果可能不是污染的减少，而是更多的污染，这说明，不公平也会导致低效率。用经济手段管理环境必须坚持效率优先、兼顾公平的原则。特别要防止以一种新的不公平代替老的不公平。

(二) 市场与政府相结合的原则。

市场机制固有的缺陷会导致环境问题上的“市场失灵”，“市场失灵”往往是政府干预的理由，但并不是充足的理由。因为政府干预同样也会出现“政府失灵”。可见，市场与政府间的选择并不是一个在完善与不完善之间的选择，而是在不完善的程度和类型之间、在缺陷的程度和类型之间的选择。在许多情况下，它们可能仅仅是一个在不合意和无法容忍之间的选择。选择越倾向于市场，其体制就会面临更多导致“市场失灵”的危险；选择越倾向于政府，其体制就会面临更多的导致“政府失灵”的危险。（查·沃尔夫，1994）通过环境经济手段的分析和比较，可以看到，没有一种经济手段是十全十美的，因此，在不可能实现“最优”的情况下，只能选择“次优”。而“次优”的选择既不能完全摆脱市场，又不能完全不要政府，而是要求市场与政府的有机结合。总的看来，政府的主要作用要放在保证市场机制的正常运作上，尽可能发挥市场机制特别是价格机制在环境保护中的作用。但这并没有低估政府的作用，即使是侧重于市场机制的科斯手段也仅仅是“侧重市

场”，而不是“只要市场”，它仍然离不开政府，它需要政府来界定和保护污染权、组织实施许可证的拍卖或分配等。

（三）制度与技术相结合的原则。

面对环境问题，人类要解决的无非是两大难题：一是人类与环境的关系问题，二是人类在使用环境时遇到的人与人的关系问题。有人把这两个问题延伸为“两种环境经济”（夏光，1994）：由第一个问题延伸出来的是“环境的经济”，即关于对环境的经济计量和对环境技术的经济评价等，它包括环境污染的经济损失评估、污染治理技术选择的成本收益分析等；由第二个问题延伸出来的是“环境与经济”，即关于经济发展与环境保护之间关系的理论性研究，它包括环境保护政策研究、环境污染行为分析、经济运行机制与环境保护对策、环境权益及制度结构等。显然，前者强调的是环境技术，后者强调的是环境制度。制度的本质在于界定责、权、利，以此促进效率或公平。环境经济手段是一种重要的制度安排。不同的制度安排会导致不同的结果。制度要解决的就是激励什么、约束什么的问题。但是，制度的选择和设计只能与当时当地的技术水平相适应，而不能孤立地就制度论制度。不论是庇古手段还是科斯手段都离不开一定的技术基础。

三、光环境管理的经济手段

光环境的经济管理可以参照环境经济政策体系中的各项政策进行。根据控制对象的不同，环境经济政策包括：控制污染的经济政策，如排污收费；用于环境基础设施的政策，如污水和垃圾处理收费；保护生态环境的政策，如生态补偿和区域公平。根据政策类型分，环境经济政策又包括：市场创建手段，如排污交易；环境税费政策，如环境税、排污收费、使用者付费；金融和资本市场手段，如绿色信贷、绿色保险；财政激励手段，如对环保技术开发和使用给予财政补贴；当然还有以生态补偿为目的的财政转移支付手段等等。

对于企业通过商业银行获得贷款的间接融资渠道，可以推行“绿色贷款”或“绿色政策性贷款”，对环境友好型企业或机构提供贷款扶持并实施优惠性低利率；而对污染企业的新建项目投资和流动资金进行贷款额度限制并实施惩罚性高利率。环保部门应积极为银行部门提供相关项目的环境信息，如提供拟查处的环境违法企业与项目的名单。另一方面，人民银行和银监会应配合环保部门，引导各级金融机构按照环境经济政策要求，对国家禁止、淘汰、限制、鼓励等不同类型企业的授信区别对待。尤其要对没有经过环评审批的项目不要提供新增信贷，避免出现新的呆坏账。

绿色保险政策。绿色保险又叫生态保险，是在市场经济条件下，进行环境风险管理的一项基本手段。其中环境污染责任保险最具代表性，就是由保险公司对污染受害者进行赔偿。

此外，地区的经济条件和基础会对其照明建设和光环境产生明显的影响。一个地区的照明不足问题，不仅仅与照明规划设计和管理不当有关，还与当地的经济条件有关，经济条件不足可能制约照明业的发展。而在经济发达地区，往往片面追求亮化，节能意识缺乏。由于缺乏专业知识，认为照明越亮越好，城市主干道路贪大求洋，相互比亮，追求豪华，造成光污染和能源浪费。地区在发展经济的同时要做好照明工作和光环境的建设和保护，为居民创造出安全、舒适的光环境。要实施经济激励政策，如按用电优惠政策，对节能成效显著的单位，少收或免收电费。同时，对违规违章的单位要实施经济处罚政策。

第三节　光文化建设

一、光文化概述

一个城市的文化形象体现了城市文明发展的程度，光文化日益成为现代城市的重要组成部分。优美、舒适、与周围环境及人文环境相和谐的照明也体现了一个城市的文化品位。而在现代化的城市环境中，创造适宜的光环境，可以提高城市的形象品位和人们的生活品质。

在进行照明规划和设计的时候，应该考虑到城市的特色和该城市的地域特色，让城市照明与该城市的地域文化特点相结合，使得照明与地域特色、城市特色相协调。要发展光文化，把人性化、生态化、环保化的照明理念融入照明建设及“亮化工程”中。提倡环保照明和绿色照明。既要为人们的工作和生活提供足够的人工光照，同时要为动植物及生态环境留下足够的黑暗的空间，使照明与自然夜空相和谐；既要照明充分，又不能照亮过度，注意节约能源，注重照明效果。环保照明、绿色照明就是适度照明、合理照明和科学照明。

李农博士认为：光文化的内涵，就是利用光这样一种手段来表现文化。而范世福教授把光文化具体理解为：利用照明技术和手段营造出的能满足人类物质和精神文明需求，并促进人类社会持续发展的照明范畴物质和精神财富总和，尤其是精神财富。

文化是通过各种途径表现出来的。服饰可通过其不同的布料、图案、造型等来表现不同的文化。在照明领域，文化是通过光这种载体来体现的，用光来表现各种区域性特定的东西。光文化从表面上是看不到的，但它能影响到很多方面，包括照明灯具、照明方式、照明时间、灯光色调等等，有明显的地域特征。任何一个地区的文化，都是由若干个元素组成的，不同地区的文化中可能有很多相同的元素，但必然有一些元素是不同的。正是这一点点的不同，造就了各个城市之间的差异。照明就是要表现出这些差异，使各个城市都体现出自己的特征。例如北京天安门，在照明上就要体现其庄严雄伟的皇家文化，而北京的四合院则要体现其平民文化。

如何利用光这种手段来反映文化、塑造文化，是城市的照明规划与设计中必须考虑的问题。城市的照明要符合城市的文化底蕴，因此，在照明的规划设计中，需要将光文化与地域文化、民族风情等有机结合起来，使得城市照明与城市文化相得益彰、相映生辉，在城市照明的建设中促进城市文明的发展。

不同地区有不同的文化，一个地区所选择的照明的形式和效果是与其地域文化、民族特色有很大关系的。每个城市都有各自的城市形象定位和文化底蕴。因此，在进行城市照明规划与设计时，要顾及灯具选择、照明方式、照明时间、灯光色调等方面，充分考虑城市的特色和自然条件，表现出该地区特有的文化与内涵。否则，做出的各个地区的设计可能会千篇一律，感觉不到区别。而一个设计没有了特色，很难说是个成功的设计。从功能的角度上讲，从表现地域文化入手，更容易掌握需要设计的不同点。照明，即使是景观照明，也不仅仅是一个装饰，它还具有标识的意义，可以帮助判别一个事物、场所所在，要表现这个地区独特的一面，不能按照某一固定模式生搬硬套。

国内不少城市夜景照明工程，如北京天安门、长安街．上海的外滩、东方明珠塔等较好地反映了城市各自的特色。夜景照明反映了城市夜间不同于白昼的状态，又展示了夜间每个城市自己特殊的城市形象和文化特色。对于苏州，则主要是体现苏州质朴典雅古建筑与江南水乡的特色，将古建筑与水，通过光照的表现形式，融和于夜景中。当然，功能照明不破坏景观照明效果，景观照明不影响功能照明，两者有机结合，实现和谐统一，也是极为重要的设计理念。夜间照明设计就是在充分挖掘地域文化的同时，通过光的语言加以刻画与表现，充分展现地域特色，形成独具特色的城市夜间照明。让人们感到舒适、安宁、柔和、静谧，将夜的美带给人们。

二、光文化建设的内容

(一) 光环境意识的普及

我们的实地调查表明，总体上人们的光环境意识还不够高。在对苏州市民的一次调查过程中发现46%的被调查者不知道光污染，江阴市的调查表明居民对光污染的了解大多只是听说过而已，有些居民关注光环境，却缺乏对光污染的正确认识。这说明光环境意识的普及亟待加强。

光环境意识普及的不同途径效果差别明显。苏州的一次调查结果表明，38%的被调查者选择得知光污染的途径问题是通过环保宣传，但几乎一半的人对光污染一无所知，这就足够说明有关光污染的环保宣传力度还有待加强。而只有4%的被调查者是通过媒体得知光污染的，说明媒体对光污染的重视程度还不够，曝光率不够高。苏州的另一次调查表明学生对光污染的意识达到良好，说明在学生教育领域的光环境意识普及较为有效。

光环境意识普及不仅要加大力度和增加曝光率，还要增加教育宣传的内容。苏州的一次调查结果表明，38%的被调查者选择得知光污染的途径问题是通过环保宣传，但几乎一半的人对光污染一无所知。因此不仅要告知公众存在光污染，还要普及光污染的具体类型、危害和防治方法，使人们对光污染的认识更全面。

(二) 绿色照明的宣传

绿色照明不仅可以节约用电，它通过科学的照明设计，采用效率高、寿命长、安全和性能稳定的照明电器产品，包括电光源、灯用电器附件、灯具、配线器材以及调光控制设备等，最终可达到安全、经济、环保、舒适、文明的目的，提高人们工作、学习、生活的质量，有益身心健康并体现照明文化的现代照明。

但是从不同的角度和出发点，可以给绿色照明赋予不同的意义，一些组织和个人从其商业利益出发，对绿色照明的概念进行了不恰当的延伸、扩展及利用，带来很多矛盾和问题，但又没有适当的评判标准。所以应该建立健全绿色照明的评价方法和体系，以及绿色照明产品的行业标准和管理办法。

绿色照明的宣传不仅要引导人们节约能源，选用节能的绿色照明产品，合理照明，更要向人们普及绿色照明产品的相关知识。对普通人群应提供有效的信息获取渠道，增加其对绿色照明产品知识和法规的了解。如市场上所销售的护眼灯，只是商家炒作出来的一个概念，是为了迎合消费者保护视力的心理而制造的一个卖点。“护眼”是个功效概念，商家所生产的护眼灯，只是在普通电灯频闪只有50Hz的基础上提高到了上千Hz，甚至是几千 Hz，提高了台灯频闪的次数。目前国家标准只对灯具的安全性有强制性要求，此外还有以提供舒适照明为主体要求的推荐性标准，厂商提出“护眼”等概念并无充分科学依据。

（三）光文化品位的提高

随着我国城市“亮化工程”的提出，各个城市都相继开始了这一工程。有些领导者和决策者缺乏专业知识，往往认为照明越亮越好，城市主干道路贪大求洋，相互比亮，追求豪华，造成光污染。而这种“亮化工程”的结果也误导了很多人，认为这就是现代城市的标志景观，是经济和社会文明发展的表现形式。

应该通过宣传和教育来纠正人们对城市照明越亮越好的错误观念，提高其光文化品位。光环境并不是“亮化”中的“比亮”工作。大面积泛光照明太多，会形成较大面积的高亮度，造成眩光。而建筑物的局部灯光点缀和照明重点突出可能视觉效果更舒适优雅，会事半功倍。色彩简单素雅可能更利于营造优美的城市环境。花花绿绿色彩斑斓，会造成视觉上的零乱。色彩选择最好是注重气氛和情调。

还应通过正确的宣传引导，让人们意识到光环境对体现城市文化品位的重要意义。一个城市的文化形象体现了城市文明发展的程度，光文化日益成为现代城市的重要组成部分。优美、舒适、与周围环境及人文环境相和谐的照明也体现了一个城市的文化品位。而在城市环境中创造适宜的光环境，可以提高城市的形象品位和人们的生活品质。

三、苏州市光文化研究

城市室外夜间照明可分为功能照明与景观照明两种类型，其中功能照明不仅包括保护人们在室外环境中不受到意外伤害的安全照明系统，还包括满足人们在室外空间从事各种活动所需要的基本照度要求的功能照明，具体有集会广场、休闲园地、户外文化体育娱乐设施的照明，只在需要进行某个特定活动时才开启。景观照明是室外夜间光环境创造中最重要的照明手段。通常采用多种照明方式相结合来达到理想的设计效果。它主要包括历史文物、新兴建筑、城市标志、商业中心、风景园林等的照明。根据苏州市实际情况，将苏州市夜间照明对城市光文化建设的作用从道路照明、景观照明和河道照明三个方面给予介绍和分析。

（一）道路照明

道路照明是功能照明的主要组成部分。从苏州市城市照明管理处了解到，苏州市主干道路上的路灯功率大都为 250W，高架路路灯为 400W 照明。2002 年底至 2003 年，苏州古城区的“三纵四横”（“三纵”指人民路、临顿路/凤凰街、中街路/养育巷；“四横”指中市路/白塔路、景德路、道前街/十梓街、新市路/竹辉路）交通主干道上统一安装了“姑苏宫灯”系列路灯，其外形是模仿苏州园林里的宫灯结合苏州的亭台楼阁、池塘小桥，或飞檐斗拱、雕梁画栋的建筑特色。而宫灯下面的灯杆上又装了功能灯。这样，白天道路上看到的是并排的宫灯，有其观赏价值；到了夜间，宫灯依稀可见，也满足了照明功能，与苏州的建筑相映成趣，反映了苏州千年古城的文化底蕴。古城区的照明集功能性与装饰性于一身，是设计者的成功代表作。

如果说古城区保持了苏州历史文化名城的鲜明的个性，那么高新区和工业园区的开发与建设则是适应了时代的步伐。20 世纪 90 年代，在精心维护好古城结构的基础上，分别在古城西东开发建设高新技术开发区和工业园区，它们犹如古树上新发的两枝劲枝。苏州的城市格局演化为“一体两翼”、“古城居中，东园西区，五区组团”的城市发展新格局，实现了自身扩容增量的蜕变。

高新区、工业园区的照明模式也与古城区大相径庭的。灯饰华丽、隆重，充满现代气息。目前，高新区的狮山路景观提升工程已经动工，其中包括灯光亮化工程。合一的交通指示牌、崭新的灯具将为交通参与者提供更加清晰的道路指示与照明。由中国与新加坡政府合作的工业园区，街道上空和新加坡一样也没有电线，只有灯柱和造型美观的路灯。十字路口的信号装置、电子警察（电子监控器）、电子指示板等交通指挥系统，无论是数量还是技术水平都和新加坡不相上下。3000多辆配备了卫星定位系统的出租车，更是苏州市政府打造的全国第一。高新区和工业园区的道路照明建设，着重体现了城市的现代气息，分别展现给我们一个新苏州。

（二）景观照明

景观照明建设是城市发展的需要，夜景照明在改善人类生活环境的同时，提升了城市夜间形象，提高了城市的知名度，也促进了城市商业和旅游业的发展。按照照明范围、对象、不同功能和性质，城市的夜间景观照明有公共广场、建筑、园林绿地、景观雕塑、桥梁以及道路、水景等。苏州园林是中国乃至世界的瑰宝，其亭台轩榭、小桥流水、飞檐斗拱、雕梁画栋、楼阁重重假山层叠的建筑特色，白天，是一幅幅绝美的画面，到了夜间，用灯光装饰，勾勒出各建筑的轮廓，把精致与震撼再度呈现给人们。

苏州的观前街和石路两大商业区，灯箱广告数量极多，几乎每个路灯灯杆上都装有两个灯箱，其次是霓虹灯，还有不少投光照明广告，显示屏广告数量也日益增多，迎合了商业区的发展模式，商业气息浓重，有利于促进经济的发展。工业园区的金鸡湖喷泉，则代表了国际先进水平，隆重华丽，是今年工业园区的一大手笔，再加上城市广场的照明，更是将工业园区的现代气息展现无余。而古城区亭台式公交车站朱漆黛瓦，也配合了苏州整体的建筑风貌。既典雅又细腻，使人们在不经意间就能感受到苏州特有的风韵。

（三）河道照明

苏州古称“平江”，境内河港交织，水网纵横，湖荡众多，繁若星罗，计有各级河道2万余条、湖泊荡漾323个，水域面积占42.52%之多。素有“江南水乡”之称的苏州，现在仍保留了“河街相邻，水陆平行”的特有风貌。近年来，苏州政府大力整顿水质，苏州护城河现在已是杨柳依依，游船不断，一派大好的景色。从2004年起，苏州市对环古城河风貌保护区，进行了一系列的亮化工程。一期工程主要以“淡、素、雅”为设计格调，主要体现了小家碧玉的安然恬静之美，但总体上视觉效果欠佳。后来的亮化工程则表达了“亮、丽、艳”的一面，照度和光色都有所提高，更注重了视觉冲击。这能够更好的表现环古城河附近的建筑，将景色倒映于水中，将夜间的苏州建筑与水乡特色渲染得玲珑剔透。

古老的苏州七里山塘街，以深厚的文化底蕴闻名天下。一叶木舟、一袭青衫、一杯清茶、一壶浊酒，水上清风扑面来。如果说白天的山塘街是粉墙黛瓦、氤氲水道组成的诗句，是江南烟雨渲染的国画的话，那么，夜晚的山塘则是灯光、古街、水面曼妙迷离的结合，是工笔写意绚丽多姿的水粉画了。当暮色四合，河道旁边的灯亮起，河两岸住家大红灯笼也挂起来了，形成了水与光的和谐画面。

夜晚若能沿着山塘街摇船而行，可尽情领略到江南水乡和苏州街巷的特殊魅力，别有一番风味。我国相关的照明标准多是20世纪90年代制定的，只规定了照明的最低限值，而没有规定最高限值，标准陈旧，不能适应目前城市照明行业的发展。随着光污染问题的日益显现并越来越严重，这一问题亟需解决。据悉，我国照明的相关标准正在制订中，将对照明的最高限值做出明确规定。让我们期待新的更适应现代社会发展的标准早日出台，以指导今后的照明设计与建设，创造更美好更文明更和谐的城市光环境。

苏州的城市夜间照明设计，较好地结合了苏州的人文、地理因素，表现了苏州这个“园林城市”、“江南水乡”、“历史文化名城”，将建筑的阳刚之气与水的阴柔之美融合在一起，表现了苏州特有的吴文化。

第十二章 苏州城市照明的专业化管理

第一节 苏州及其城市照明概况

一、概述

苏州是我国的历史文化名城和重要的风景旅游城市，是长江三角洲重要的中心城市之一。苏州位于江苏省东南部，东临上海，南接浙江，西抱太湖，北依长江。苏州是春秋时期（公元前514年）吴王阖闾建造的一座古城。隋文帝开皇9年始称苏州。历经2500多年的沧桑变化，苏州的城址基本未变，仍保留了“河街相邻，水陆平行”的特有风貌。颇负盛名的“园林之都”、“丝绸之府”、“工艺之市”，还有众多的文物古迹和蜚声海内外的吴文化以及质朴典雅的古建筑，至今仍闪耀着夺目的光辉。

照明作为城市重要的基础设施，是整个城市发展中不可缺少的重要部分，它对城市交通安全、社会治安、城市人居环境质量、城市形象、城市整体素质以及拉动城市夜间经济都具有重要的作用和意义。

苏州市城市照明在近几年来得到了较快的发展，在苏州市政府大力支持和城市照明建设管理单位的共同努力下，苏州的照明规模和技术水平都有了很大提高，创建了安全和谐、壮观绚丽、大气简洁的城市夜环境，起到了提升城市功能、美化城市夜景、改善投资环境、方便市民夜间出行的作用。

截止2009年底，苏州市（县）、区各城市照明管理部门管理的总灯盏数（路灯和景观灯）已达693745盏，总功率82104.1kW（见表12-1）。

苏州2009年各城区照明现状 **表12-1**

区 划	灯盏数		总功率(kW)	
	路灯	景观灯	路灯	景观灯
市区	68290	113565	8691	4815.1
园区	108438	128825	11934	7342
新区	41868	11823	6329	150
相城区	25069	54749	3325	1977
吴中区	27286	10300	4804	4100
常熟	29425	40445	3115.24	2840
张家港	32087	48000	5891	3670
昆山	55185	27404	13850	985
太仓	29350	10431	6414.36	3177.5
吴江	13060		2200	
合计	361768	331977	57862.6	24241.5

二、苏州市区道路照明现状

（一）道路照明建设

1999年1月至2002年9月，以道路亮化为目的实施亮化工程。对苏州市区人民路、干将路、东大街、司前街、养育巷、中街路、带城桥路、凤凰街、临顿路、三香路、道前街、十全街、新市路、竹辉路等“三纵四横”主要道路及观前、火车站、石路、南门四个主要窗口地区的道路照明设施进行改造，此次亮化工程以改善道路照度为主。

其后，为迎接第28届世界遗产大会，苏州市对环古城范围内的主要干道的路灯进行整治后，更换成为有姑苏传统特色的宫灯型路灯系列。这些宫灯是苏州市城市照明管理处的设计人员根据苏州的传统文化，将苏州园林和古建中具有代表性的元素提炼出来，结合现代灯具，在厂家的大力配合下研制出来的。从外观看，精致柔美，总共有9种不同的造型宫灯。灯罩下部为路灯灯具，用于功能照明；灯罩内安装节能灯，用于景观照明，这种设计将功能性和景观性较好地结合在了一起，也符合苏州吴文化的特色。

在环古城范围以外的主要干道，则选择装饰性与功能性兼容的现代灯具，在传承历史的同时，更表现出苏州也是一个面向未来的现代化的城市。

（二）道路照明管理

经过多年的探索和实践，苏州在道路照明管理方面，已基本建立了一套科学的照明管理体系。“三遥”无线监控系统覆盖率已达全市，照明设施的养护基本上以一年为一个养护周期，遇到临时突发事件，如设施被盗、被撞、被破坏及自然灾害和不可抗力造成的故障即进行及时抢修和恢复。养护所对所辖区域照明设施的亮灯情况每周巡查一遍，遇到故障灯及时修复。除此以外，市110指挥中心、12345便民服务中心均将涉及照明的事故和投诉转到照明处处理。

在科学全面的管理模式下，管辖范围内道路照明的照度（亮度）、均匀度等指标值基本合理；明灯率维持在99%以上；设施完好率95%；城市新建道路装灯率100%；主次干道架空线入地率90%；线网安全率100%。

三、苏州市区景观照明现状

（一）景观照明建设

自2002年10月以来，以改善城市环境面貌，提升城市形象，促进城市旅游，推动城市繁荣为目的，多次推动了景观照明工程的实施。经过各部门、各单位的共同努力，取得了一定成效。目前已建成的景观照明工程主要有：干将路、三香路、人民路、中新路、狮山路等主干道；观前街、石路、淮海路等商业中心；虎丘、北寺塔、寒山寺、江枫园、盘门三景等景点；凤凰街、十全街、新区淮海街等商业街道；环古城河、山塘河、平江河、官太尉河、吉庆河等街坊水系；金鸡湖、青剑湖等城市湖泊。

这些景观照明工程，初步形成了具有苏州特色的夜景灯光，成了兴商、助游、乐民的新热点，为城市夜间经济提供了一定的发展空间，为游客夜间游玩提供了全新的娱乐项目，为市民夜间休闲提供了良好的场所。每个城市都有各自的城市形象定位和城市文化底蕴。因此，我们在城市夜景照明建设时，既认真学习借鉴其他城市优秀的景观照明工程，也充分考虑苏州的人文背景和城市现状，对各个项目进行反复地分析、论证，并加以创新、发挥，努力创造具有苏州特色的城市景观照明。

在苏州市政府夜景灯光建设协调会上，市领导也明确了景观照明建设的基本原则，即："统一设计，业主建设，单独计量，集中控制"。"统一设计"指对灯光方案设计由市灯光办统一"扎口"管理，专家与领导一起把关，使整体的风格相一致。"业主建设"指夜景灯光工程建设费用由各相关单位承担。"单独计量"指公共夜景灯光的日常运行用电安装独立电表计量，由市财政按实支付。"集中控制"指公共夜景灯光设施的运行纳入城市路灯控制系统，由市政公用局路灯管理处统一控制管理。

（二）景观照明管理

2006年开始，苏州的景观照明进入了建设与长效管理相结合的时期。制定了相应的管理法规与办法，从源头开始对城市照明规划、建设、管理实施依法、科学、有序地长效管理。改变以往的城市照明只重视建设，忽视管理的现象，使城市照明建设的管理逐步走向规范化、系统化、专业化。

在2006年，苏州出台了3个与景观灯光建设管理工作相关的管理办法与条例，分别是2006年3月31日公布施行的《苏州市区景观照明管理暂行办法》、2006年7月31日公布施行的《苏州市区景观照明设施维护工作质量考核暂行办法》和2006年9月28日颁布、2006年12月1日起实施的《苏州市城市市容和环境卫生管理条例》。

为做好城市夜景灯光的长效管理工作，鼓励业主对灯光设施维护的积极性，根据《苏州市区景观照明设施维护工作质量考核暂行办法》的规定，截至2006年4月30日，已建成的夜景灯光项目列入考核清单的共有190个项目。并从2006年8月开始，实施对市区夜景灯光亮化和设施维护工作的业务考核。从多次检查情况来看，考核工作保证了灯光设施的明灯率、完好率，确保景观灯光良好的效果。

实际操作中我们感到，夜景灯光是"建设容易管理难"，后期的管理中，会使前期建设的很多问题暴露出来。一是景观效果与规划相距甚远，由于规划设计、时间费用的限制、经验不足等问题，边施工边修改，客观上常常会影响整体效果，而且往往会成为永久的缺憾。二是初期投入经费太紧，所使用的材料质量寿命差，很多光源材料的寿命、价格相差数十倍，其安装地点也不便于日常维护，如仿古建筑顶上安装低寿命的灯管，必然会缩短维修周期，维修人员又会损坏青瓦等屋顶材料。三是维修材料的通配也在考虑之列，夜景灯光光源争奇斗艳，其后期的更换却往往会被疏忽，这种短期行为不利于夜景灯光的发展。四是灯具使用的安全性，夜景灯光安装的灯具，很多是在人（特别是小孩）能接触到的地方，防止电、热及灯具外壳对人体的伤害必须得到相当的重视。五是灯具、光源和材料的防盗性。照明设施如管理不到位，则更容易成为盗窃者的目标，建成的项目中，已发生多起灯光设施被盗情况，主要是草坪、地面、河边等。如何防盗是景观照明设施维护中存在的一个普遍现象，也是应该提到景观照明设施管理议事日程上的一个实实在在的问题。

第二节 建设各阶段的专业化管理

各地城市照明工程建设数量猛增，对市民夜间交通和活动功能需求的满足，有了很大提高，漂亮的夜景也给夜晚的城市一个舒适的环境，对于商业和旅游也有很好的促进作用。但是，由于缺乏专业化的管理，在建设过程中还存在不少问题，如违反规划要求的灯光建设，与当地经济水平不匹配的规模过度建设，产品选用不当，灯具效率低下，能耗严重等现象比比皆是。究其原因，在于专业化管理不到位，无论是投资方、建设方、管理方和使用方，都存在管理水平不足的现象，所以要将管理从粗放到精细，提高成效，专业化管理是必要条件。

建设部在《“十一五”城市绿色照明工程规划纲要》中要求切实加强城市照明专业管理，专业管理机构要会同主管部门在规划立项、方案设计、建设改造、验收检测、器材选用等各环节中，建立完善联动协调的工作机制。按照这一要求，苏州近几年在城市照明专业化管理方面做了以下一些工作：

一、规划阶段的专业化管理

城市照明专项规划是城市照明建设的基础和前提，是城市总体规划的一个重要组成部分。因此，加强城市照明的专项规划，对提倡绿色照明，节约能源，保护生态，提高城市照明质量，具有重要意义。城市照明专项规划要以城市总体规划作为依据和基础，要符合城市的客观实际，与城市社会经济发展水平相适应。要做好城市照明专项规划，应要做好前期调研工作，做好城市照明现状及分析、查找问题，研究对策，然后确定规划范围及目标、设计原则及内容、方案评估与保障措施等方面。

现在一些城市出现的盲目追求奢华、攀比亮度、重复建设的现象，造成了人力、财力、物力资源和能源的极大浪费，造成了眩光等夜间环境的光污染，也造成了景观照明的品位不高、精品不多，造成这种现象最主要的原因之一，就是缺少统一、规范、科学、合理的城市照明专项规划。

要把管理工作从源头上抓起，就必须要高度重视照明专项规划的编制工作。按照建设部、国家发改委 204 号文和省建设厅 275 号文的要求，我们于 2005 年下半年开始着手编制苏州市城市照明专项规划的工作。2005 年 9 月份签订了合同，并正式开始调研。2006 年根据城市总规要求，编制范围由中心城区 70 平方公里扩大为与总规一致的 370 平方公里。2007 年底完成编制后，几经修改，分别通过市、省相关部门组织的专家评审，2009 年通过市政府批准。

根据 2005 年江苏省建设厅颁发的《关于印发〈江苏省城市照明专项规划编制纲要〉的通知》（苏建城［2005］275 号）要求，苏州市城市照明专项规划有专门的章节，对节能提出了规划要求。从规划抓起，我们就可以避免走先污染后治理的弯路，同时可以对设计、实施和管理的各个环节，提出明确的节能要求，指导节能工作的顺利开展。苏州市城市照明专项规划也对节能产品的选用和节能技术的推广应用提出了明确的要求。

二、设计阶段的专业化管理

设计阶段实现专业化管理的重要环节。合理的设计，不仅要满足使用的需求，还要符合规划要求和国家相关标准规范的要求。有资质的设计单位是保证设计工作质量的前提，对于设计图纸的专业审查是保证设计工作质量的保障。光源、灯具选用的不合理，能耗过高的现象往往是在设计阶段出现了问题。

在城市照明设计中，高度重视对国家相关标准规范和城市照明专项规划各项的遵守。

尤其在景观照明的设计中，一方面依据专项规划要求，运用与城市文化内涵相符的设计理念，紧紧抓住苏州市的历史、人文和地理特点，处理好传统与创新、自然与人工、功能与装饰的关系；另一方面，根据国家相关标准规范的要求，通过技术的手段来表现艺术的内涵，塑造出一个传承历史，又面向未来的园林城市苏州。

在色彩和亮度方面，灯光设计主要根据相应的照明知识，遵循色彩和亮度在不同环境下所具有的视觉效果，以及所产生相应的心理变化等等的规律，对不同景观的照明设施采取相应的处理手段。既要避免产生光污染，也要避免出现“幽幽鬼火”的现象。

在灯具的选择和安装中，以隐蔽和安全为首要原则。虽然与驳岸、绿化、道路、房屋建筑等各施工队伍的协调和配合工作很复杂，但基本做到了能预埋的配合其他工种同步施工，不能预埋的在后期施工中注意隐藏。管线和灯具的隐蔽，既能保证美观，也为日后运行的安全性提供了很好的保障。

在光源的选择中，大量选用了目前发展迅速的LED，不仅运用了大量现成的LED灯具产品，也根据现场的具体情况，开发和改造了不少LED灯具。

在配电系统的设计中，考虑到景观灯光灯型繁复，数量较大，为便于维护管理，设计原则为网络结构清晰，层次分配合理，修改扩展方便。同时特别注意在安全性方面的问题，按照明法律、法规和工程建设强制性标准进行设计，防止因设计不合理而导致安全事故的发生。

三、施工阶段的专业化管理

1. 高效产品选择使用

通过专业化的管理，可以正确选用高效的照明产品。现在有一些光源产品是明令淘汰的，而有一些产品虽然种类属于高效照明产品，但是不同厂家生产的产品，所能达到的能效水平是不一样的，质量也是不一样的。同样是钠灯，有的产品能达到或超过GB 19573—2004标准节能评价值，有的产品则能效指标未达到GB 19573—2004标准能效限定值。灯具也是一样，有的灯具效率60%都不到，与效率80%的灯具相比，能耗增加量也是很可观的。因此，我们比较重视灯具的选用。政府投资建设的景观工程，需十分注重设计方案审查，以及光源和灯具的选用。

我们在实施苏州市市区2009年景观灯光提升工程的过程中，严格按照建设程序进行公开招投。由于是采用材料采购及安装即包工包料的工程承包的方式，主材的选择使用尤为重要，我们从设计阶段就开始做好相关工作，以灯具为例，每类灯具先由设计单位提出功能要求并推荐几款能满足效果的品牌，建设方通过实际了解与询价，以性能、能效、价格基本在同一档次、品牌有较好的质量信誉、经过设计部门、材料采购部门、质检部门和施工专业人员集体讨论，确定每类灯具的选用品牌范围，每类灯具推荐3至5种同类品牌，并作为标书附件同时发布，由施工单位投标时在范围内自行选择。在前期工作中，我处充分利用建设经验丰富和专业技术人员较多的优势，集思广益以公平公正公开的原则选择产品，并在招标文件中对器材技术性能和质量水平提出明确详细的要求。

2. 节能技术的应用

通过专业化的管理，要加大节能技术的应用。城市照明节能是一个系统工程，体现在整个城市照明系统工程全过程的方方面面。必须综合考虑技术、管理等多方面的因素，要力求综合效益的最优化。实现绿色照明远不只是推广应用某一两款节能产品。优质合理的设计、施工和养护管理，研究生产和推广应用高效长寿的光源、优质高效的照明器材，以及降低在照明系统中各个环节的能耗，都是实施绿色照明的重要因素。如光源就是其中的一个要素。但高效光源有多种类型，如直管荧光灯、紧凑型荧光灯以及高强度气体放电灯(HID)、LED灯等，其特点不同，应用场所也不同，都应给予重视。

现在成熟的节能技术有不少，其中一些技术简单易行，成本低，回收快，技术可靠。如变功率镇流器，可以通过设定时间将灯功率从250W降为150W，从400W降为250W，节电率在30%左右，成本在不到一年即可回收。目前，苏州城区250W以上路灯已全部采用。通过对各种节能技术的应用，苏州城市在“十一五”期间，基本完成了年平均节电5%，总节电率25%的要求。

3. 工程专业验收

随着城市照明行业的发展和建设市场的开放，参与城市照明工程建设的队伍也是越来越多，同时带来的问题也不少，给工程管理带来新的课题，施工单位不再一定是养护单位，工程的专业验收显得尤为重要。由于施工队伍的良莠不齐，有的在材料上以次充好甚至用假冒伪劣产品；有的不按图施工，投机取巧，偷工减料；这对于工程验收提出了更高要求。我们在实施提升工程过程中，积极配合监理、安监、质检对工程施工质量加强管理控制，为了保证材料质量，从工程前期就开始质量控制工作，先是在招标文件中约定了材料选用的方式与标准，主要材料采用了推荐多种品牌的形式，辅助材料规定了较为详细的材质与规格。然后规定施工单位中标后必须将材料报验封样，建设方与监理单位以封样材料作为进场检验的标准。辅材方面如支架、横担等钢制构件，螺栓、螺帽、垫片等零配件，标书均要求必须为不锈钢（304）或热镀锌制品，热镀锌制品应有镀锌厂出具的证明材料同时镀锌层覆盖完整、表面无锈斑，焊接处牢固。从在采购环节严格把关，保证主要材料的质量与品质，在很大程度上减少施工单位在材料中钻漏洞，也相应提高了工程质量水平。

四、维护阶段的专业化管理

1. 智能化管理

智能化的管理，关键在于能否实现全面即时控制。智能化的管理体现了专业化管理的水平。通过智能化的管理，可以有效地控制开关灯的时间，既能更好地为市民服务，也能有效地进行管理节能。尤其在景观照明管理中，通过区域化的管理和动态管理相结合，既满足了促进夜间经济的需求，又处理好与节能之间的矛盾。如环古城与其他地区的开灯时间差异，以及不同季节的开灯时间差异，都是通过现有的“三遥”系统实现的。

2. 节能改造

在管理维护阶段的专业化管理的一项重要工作，就是进行节能改造。由于在建设时期受到技术和经济条件的限制，当时所采用的一些光源和灯具，已不满足当前节能的要求。通过运用各种节能措施，对原有设施进行了全面的改造。尤其是在景观照明方面，将原来很多普通美耐管、冷光杯等产品，用LED灯来做替代。普通美耐管原来每米要20W左右，LED光带只有6-7W，节能60%，冷光杯是20W卤素灯，光效较差，采用了3W灯杯，节能达85%。20世纪末21世纪初使用的一些国内小厂仿制的，效率和维护系数较低的路灯灯具已基本淘汰。

3. 高标准的维护巡查

专业化的管理还体现在高标准的维护工作。在国家标准中的照度最低维持值，就是体现了维护系数，维护系数即因为光源的光衰系数和灯具因污染的光衰系数的乘积。如果能够做好维护巡查工作，也就提高了灯具的实际使用效率，提高了能源的利用率，提高了照明质量，也从维护的角度节约了能源。因此，必须重视养护工作，要求设施每天有人巡查，七天为一个周期，确保电话报修的灯 24h 内修复，明灯率在 99％以上，设施完好率在 95％以上。

第三节　专业化管理工作展望

一、技术与管理水平的城乡一体化

苏州在城市照明的专业化管理上做了不少工作，但是还存在很多不足，由于体制机制的关系，区域管理不统一，各区域管理部门管理人员和专技人员的数量、管理水平和技术水平相差较大，在各个区域中，有的区域设施陈旧，照明质量不达标，甚至还有不少有路无灯的情况存在；而有的区域新建设施不合理，片面追求路灯外型，忽视内在质量，所选用灯具效率低下或盲目求亮，路面照度太高，还有在功能照明中大量使用多火装饰性灯具，能耗浪费现象严重。而城乡之间的差异更大，随着新农村建设的发展，和城乡一体化进程，如何减小城市照明的建设和管理的差异，是今后一段时期内的重要工作。

二、信息化管理水平的提升

随着城市照明设施数量的增加和范围的扩大，以及政府各部门和市民对城市照明设施管理水平要求的提高，原有的信息化管理水平已不能满足要求，需要通过技术的提升，来提高信息化管理水平。

信息化管理水平的提升，主要向两个方面发展：其一，是信息化管理的纵向发展，监控系统需要监控到单灯。由于现在城市范围的扩大，设施数量的增加，以及设施亮灯率的较高，人员和能源消耗的成本越来越高，使得查修灯的成本也越来越高，将监控从计控箱推进到单灯，将成为满足新形势要求的一项技术需求。其二，是信息化管理的横向发展，随着对管理水平要求的提高，和各种新技术的出现和成熟，城市照明的信息化管理系统，将是一个以地理信息系统（GIS）为平台，集人员管理、材料管理、设备管理、运维管理、资料管理、行政管理和应急处理等于一体的综合管理系统。

三、保障措施的完善

要进一步提高专业化管理水平，把好规划审批关、设计审查关、工程验收关和运行监督关，确保照明建设成果的长效管理；以及如何提高照明质量，提升管理水平，推广节能技术的应用，减小区域差异，提高工作成效，还需要在体制机制，政策制度，以及资金、土地、技术、器材、信息、科研、人才、宣传等方面完善各项保障措施。

附录1

郑州市居住区夜间光环境状况调查问卷

尊敬的先生/女士：您好！

首先感谢您能够在百忙之中抽出时间填答此份问卷。此项调查旨在了解您对所居住小区夜间光环境状况的认识情况，请您根据自身情况如实填写。

1. 您的年龄：

□16岁以下 □16—25岁 □26—35岁 □36—55岁 □56岁以上

2. 您的受教育程度：

□初中 □高中/中专 □大专 □本科 □硕士 □博士 □其他

3. 您的职业：

□党政机关人员 □事业单位人员 □军事武警人员

□企业单位人员 □专业技术人员 □进城务工人员

□下岗失业人员 □离退休人员 □在校学生 □其他

4. 请问您知道"光污染"吗？

A从未听说过 B听说过，但不了解 C了解一些 D非常了解

5. 您认为下列哪些现象是"光污染"？(可多选)

A商场、酒店等的广告灯、霓虹灯闪烁夺目，令人眼花缭乱

B大厦周围或顶楼的强烈灯光，照亮了天空和周边居住区，影响休息

C建筑物的强反射墙面反射太阳光线，明晃白亮、炫眼夺目

D舞厅等场所安装的黑光灯、旋转灯、荧光灯以及闪烁的彩色光源

6. 您认为自己现在居住的小区夜间照明状况如何？

A太暗了 B偏暗了一些 C适中 D偏亮了一些 E太亮了

7. 您希望自己居住的小区夜间照明情况如何？

A黑暗 B不太亮 C明亮 D很明亮

8. 您认为自己所在小区内的照明是否节能？

A很不节能 B不太节能 C比较节能 D非常节能

9. 您认为自己所在小区内的路灯设立、花园景观等照明合理吗？

A不合理 B一般，还可以 C非常合理

10. 您对自己所在小区的夜间照明状况的满意程度如何？

A 很不满意　　B 不太满意　　C 比较满意　D 非常满意

11. 您认为目前郑州市的夜间照明环境如何？

A 太暗了　　B 偏暗了一些　　C 适中　　D 偏亮了一些　　E 太亮了

12. 您及您的家人和朋友有过因为夜间室外照明太亮而影响正常休息的经历吗？

A 从未有过　　B 有过，次数不多　C 经常有这样的情况

欢迎您对居住区夜间照明提出宝贵意见和建议：

再次感谢您在百忙之中，协助我们完成此次调查！

调查地点：　　　　　　调查时间：　　　　　　调查人：

附录2
苏州市浒墅关镇光环境状况调查问卷

这是一份关于调查了解本镇光环境质量状况的主观问卷，非常高兴得到您的积极配合，请您认真考虑并做答以下几个问题，谢谢!

您的基本情况（请在合适的□处勾√）：

年龄阶段：□15～25　□25～35　□35～45　□45～55　□55 以上

文化程度：□初中以下　□初中水平　□高中水平　□大专、本科　□本科以上

从事职业：□工人　□农民　□经商　□学生　□军人　□政府、机关事业单位人员

1. 目前随着社会的发展，环境问题日益显现，例如“太湖蓝藻水污染”事件、“大气（空气）污染”事件等等。那么，你知道“光污染”吗?

□ 了解　□ 一般了解　□ 似乎知道　□ 不知道

2. 简单来说，光污染可以理解为，不合理的光照致使人们的视觉、身体甚至是心理受到不同程度影响的现象。那么你认为以下哪些属于“光污染”（多选）：

□ 阳光下，玻璃墙体反射过来强烈的光芒　□ 夜晚道路上刺眼的汽车灯光　□ 迪厅内，使人眩晕的彩光　□ 商业集中区，过度闪耀的霓虹灯光

□ 透射进卧室，使人无法睡眠的灯光　□夜晚几乎漆黑的住宅区，暗无灯光

3. 第二题的选项均属于“光污染”。到此，你是否对“光污染”有了感性认识，是否回忆得起自己有过相关经历?

□ 有过亲身受影响的经历　□ 看过媒体报道“光污染侵害”的投诉事件

□ 见识过环保组织宣传此类污染　□ 以后会留心、关注“光污染”问题

4. 建筑物的墙体上，镶嵌有大面积的玻璃，称之为“玻璃幕墙”。这些玻璃可以轻易反射阳光，导致眼睛受到强烈的光刺激。你或周围人有过这样的经历吗?

□ 经常有　□ 偶尔有　□ 有但是极少　□ 没有过　□ 不理解此现象

5. 你认为，浒墅关镇主要的交通道路，夜晚路灯照明状况如何?

□ 过暗　□ 偏暗　□ 适中、较好　□ 偏亮　□ 过亮

6. 你觉得，镇政府、华润超市附近及浒关工业园内，有无特别刺眼的灯光照射?

□ 有，较多　□ 有，很少　□ 没有　□ 从未关心过

7. 你认为，在夜晚，你所居住的住宅区内或附近的灯光状况如何?

(1) □无路灯　□有路灯但从不亮　□有路灯不全亮　□有路灯有管理的亮

(2) □ 过暗　□ 偏暗　□ 适中、较好　□ 偏亮　□ 过亮

8. 你认为，你所在的教室照明状况如何?（供学生作答）

□ 过暗　□ 偏暗　□ 适中、较好　□ 偏亮　□ 过亮

9. 假设现在你即将购置一套住房，那么你会有意识的考察其光环境状况吗?

□会，很重视　□会，一般考虑　□不会成为购房的考虑因素　□不清楚

10. 目前，光环境规划及管理尚处于起步发展阶段，你认为应从哪些方面着手?

□加强宣传教育，人们的意识上要重视光污染问题　□加大防护措施的投入

□重视对光环境的规划设计，限制不合理性　□加强群众的监督

□健全法律规范，有法可依、违法必究　□建立专管部门，接受群众投诉

附录3

连云港青口镇光环境调查问卷

这是一份关于调查了解本镇光环境质量状况的主观问卷，非常高兴得到您的积极配合，请您认真考虑并做答以下几个问题，谢谢！

您的基本情况（请在合适的□处勾√）：

<u>年龄阶段：</u>□15～25　□25～35　□35～45　□45～55　□55 以上

<u>文化程度：</u>□初中以下　□初中水平　□高中水平　□大专、本科　□本科以上

<u>从事职业：</u>□工人　□农民　□经商　□学生　□军人　□政府、机关事业单位人员

1. 目前随着社会的发展，环境问题日益显现，例如“太湖蓝藻水污染”事件、“大气（空气）污染”事件等等。那么，你知道“光污染”吗？

□ 了解　□ 一般了解　□ 似乎知道　□ 不知道

2. 简单来说，光污染可以理解为，不合理的光照致使人们的视觉、身体甚至是心理受到不同程度影响的现象。那么你认为以下哪些属于“光污染”（多选）：

□ 阳光下，玻璃墙体反射过来强烈的光芒　□ 夜晚道路上刺眼的汽车灯光　□ 迪厅内，使人眩晕的彩光　□ 商业集中区，过度闪耀的霓虹灯光

□ 透射进卧室，使人无法睡眠的灯光　□夜晚几乎漆黑的住宅区，暗无灯光

3. 第二题的选项均属于“光污染”。到此，你是否对“光污染”有了感性认识，是否回忆得起自己有过相关经历？

□ 有过亲身受影响的经历　□ 看过媒体报道“光污染侵害”的投诉事件

□ 见识过环保组织宣传此类污染　□ 以后会留心、关注“光污染”问题

4. 建筑物的墙体上，镶嵌有大面积的玻璃，称之为“玻璃幕墙”。这些玻璃可以轻易反射阳光，导致眼睛受到强烈的光刺激。你或周围人有过这样的经历吗？

□ 经常有　□ 偶尔有　□ 有但是极少　□ 没有过　□ 不理解此现象

5. 你认为，青口镇主要的交通道路，夜晚路灯照明状况如何？

□ 过暗　□ 偏暗　□ 适中、较好　□ 偏亮　□ 过亮

6. 你觉得，农工商超市、KFC 附近及时代步行街内，有无特别刺眼的灯光照射？

□ 有，较多　□ 有，很少　□ 没有　□ 从未关心过

7. 你认为，在夜晚，你所居住的住宅区内或附近的灯光状况如何？

(1) □无路灯　□有路灯但从不亮　□有路灯不全亮　□有路灯有管理的亮

(2) □ 过暗　□ 偏暗　□ 适中、较好　□ 偏亮　□ 过亮

8. 你认为，你所在的教室照明状况如何？（供学生作答）

□ 过暗　□ 偏暗　□ 适中、较好　□ 偏亮　□ 过亮

9. 假设现在你即将购置一套住房，那么你会有意识的考察其光环境状况吗？

□会，很重视 □会，一般考虑 □不会成为购房的考虑因素 □不清楚

10. 目前，光环境规划及管理尚处于起步发展阶段，你认为应从哪些方面着手？

□加强宣传教育，人们的意识上要重视光污染问题 □加大防护措施的投入

□重视对光环境的规划设计，限制不合理性 □加强群众的监督

□健全法律规范，有法可依、违法必究 □建立专管部门，接受群众投诉

附录4

江苏省绿色照明评价评分表

序号	指标	评价内容	评价依据	评价方法	标准分	评分标准	扣分	备注
1	综合指标				20			
1.1	城市照明架构				5			
		管理机构	《关于加强城市照明管理促进节约用电工作的意见》建城[2004]204号	资料检查	2	功能照明与景观照明集中统一管理得2分,分开管理不得分。		
		管理制度		资料检查	2	有功能照明和景观照明管理办法得2分,缺一项扣1分。		
		城市照明结构	《关于进一步加强城市照明节电工作的通知》建城函[2005]234号	现场检查	1	功能照明状况良好,景观照明建设适度,得1分;有景观照明建设过度,且功能照明不达标情况,酌情扣分。		
1.2	城市光环境				10			
		夜间光环境舒适性	《城市夜景照明设计规范》	现场检查	1	检查有无严重光污染现象,无此类现象得1分;发现一处,扣0.1分。		
				现场检查	1	检查对交通信号识别的光干扰现象,无此类现象得1分;发现一处,扣0.1分		
				现场检查	1	检查对居民住宅的光干扰现象,无此类现象得1分;发现一处,扣0.1分。		
		夜间光环境美观性	《城市夜景照明设计规范》	现场检查	1	景观照明艺术效果突出得1分;一般得0.5分;较差得0分。		
				现场检查	1	与城市环境相协调得1分;一般得0.5分;较差得0分。		

续表

序号	指标	评价内容	评价依据	评价方法	标准分	评分标准	扣分	备注
		干扰度	《城市夜景照明设计规范》	现场检查及资料收集	1	无严重影响动物生态的干扰事件发生得1分;发生一起扣0.5分。		
				现场检查及资料收集	1	无严重影响植物生态的干扰事件发生得1分;发生一起扣0.5分。		
				现场检查及资料收集	1	无严重影响天文观测的干扰事件发生得1分;发生一起扣0.5分。		
		安全性		资料收集	2	无因照明设施原因造成的有责安全事故,得2分,有重大事故不得分,一般事故每起扣1分。		
1.3	科技创新				5			
		鼓励政策		资料检查	2	有鼓励政策得2分;没有不得分。		
		财政投入		资料检查	2	财政投入100万以上得2分;小于100万大于50万得1分;小于50万得0.5分;没有投入不得分。		
		科研项目		资料检查	1	有相关科研项目得1分;没有不得分。		
2	规划设计				25			
2.1	规划编制				5			
		城市照明专项规划	《关于加强城市照明管理促进节约用电工作的意见》建城[2004]204号	资料检查	5	编制完成且批准实施的,得5分;编制完成尚未批准实施的,得3分,未编制完成的不得分。		
2.2	规划实施				5			
		项目实施与规划一致性		资料检查	2	城市照明项目实施符合规划阶段性要求,符合要求得2分;不符合要求,每起扣0.5分。		
		设计与规划一致性		资料检查	2	照明设计与规划要求一致,符合要求得2分;不符合要求,每起扣0.5分。		
		规划论证制度	《关于加强城市照明管理促进节约用电工作的意见》建城[2004]204号	资料检查	1	城市照明项目建设实行规划论证制度,符合要求得1分;不符合要求,不得分。		

续表

序号	指标	评价内容	评价依据	评价方法	标准分	评分标准	扣分	备注
2.3	器材选用				5			
		器材选用合理性		资料检查	5	国家设计标准规范（道路标准4.1.1/4.1.2/4.2.1/4.2.2/4.2.3/4.2.4/4.2.7/7.2.3/7.2.4；夜景规范3.2.1/3.2.3/3.2.4/3.3.1/3.3.2/6.1.3/6.1.4/6.1.6）。全部符合得5分；不符合要求每项扣0.2分。		
2.4	照明设计				5			
		设计合理性		资料检查	5	功能照明按照道路标准第5章和第6章，景观照明按夜景规范第5章和第8章要求。全部符合得5分；不符合相应要求每项扣0.2分。		
2.5	节能技术应用				5			
		节能措施		资料检查	2	有节能措施得2分；没有每项扣0.1分。		
		经济性		资料检查	2	投资回收期不超过三年或产品生命周期，全部符合得2分；不符合相应要求每项扣0.2分。		
		电能质量		检查检测证书	1	节能设备的选用不应影响电能质量，尤其防止电网谐波超标。全部符合得1分；不符合相应要求每项扣0.2分。		
3	设施建设				25			
3.1	高效低耗产品使用率				10			

续表

序号	指标	评价内容	评价依据	评价方法	标准分	评分标准	扣分	备注
		功能照明高效光源使用率	《“十一五”城市绿色照明工程规划纲要》	现场检查与资料检查	2	功能照明高效光源使用率达到85%,得2分;每降1%(取整),扣0.1分。		
		景观照明高效光源使用率		现场检查与资料检查	2	景观照明高效光源使用率达到90%,得2分;每降1%(取整),扣0.1分。		
		配套电器及附件功率损耗		现场检查与资料检查	1	达到国家相应能效标准,符合得1分,不符合发现一处扣0.1分。		
		高效灯具使用率		现场检查与资料检查	1	功能照明灯具效率不低于75%,泛光灯效率不低于65%,无此类现象得1分;发现一处,扣0.1分。		
		功能照明无高耗照明产品使用现象	《关于进一步加强城市照明节电工作的通知》建城函[2005]234号	现场检查与资料检查	2	城区主干道大范围使用多光源装饰性庭园灯现象,无此类现象得2分;发现一处,扣0.2分。		
		景观照明无高耗照明产品使用现象		现场检查与资料检查	2	景观照明严禁使用强力探照灯、大功率泛光灯、大面积霓虹灯、彩泡、美耐灯等高亮度高能耗灯具现象,无此类现象得2分;发现一处,扣0.2分。		
3.2	功率密度值LPD				10			
		快速路、主干道功率密度值	《城市道路照明设计标准》	现场测量,检查数量≥10条	2	按国家设计标准(道路标准7.1)检查,无超标现象得2分,有超标现象一处扣0.2分。		
		次干道功率密度值		现场测量,检查数量≥10条	2	按国家设计标准(道路标准7.1)检查,无超标现象得2分,有超标现象一处扣0.2分。		
		支路功率密度值		现场测量,检查数量≥10条	2	按国家设计标准(道路标准7.1)检查,无超标现象得2分,有超标现象一处扣0.2分。		

续表

序号	指标	评价内容	评价依据	评价方法	标准分	评分标准	扣分	备注
		多层建筑功率密度值(11层及以下)	《城市夜景照明设计规范》	现场测量,检查数量≥10幢	2	按国家设计规范(夜景规范6.2)检查,无超标现象得2分,有超标现象一处扣0.2分。		
		高层建筑功率密度值(11层以上)		现场测量,检查数量≥10幢	2	按国家设计规范(夜景规范6.2)检查,无超标现象得2分,有超标现象一处扣0.2分。		
3.3	城市道路装灯率				1			
		道路装灯率	《"十一五"城市绿色照明工程规划纲要》	现场检查	1	城市道路装灯率达到100%,得1分;每降1%(取整),扣0.2分。		
3.4	质量控制				4			
		按图施工		现场检查与资料检查	2	全部符合得2分;不符合相应要求每项扣0.1分。		
		专项验收		现场检查与资料检查	2	全部符合得2分;不符合相应要求每项扣0.1分。		
4	维护管理				30			
4.1	资金保障				3			
		维护资金及时足额拨付		资料检查	2	符合得2分,不符合不得分		
		节能奖励经费		资料检查	1	有得1分,没有不得分。		
4.2	节能管理				4			
		节能管理制度		资料检查	2	有节能管理制度,得2分;没有不得分。		
		节能台账齐全		资料检查	2	节能管理台账齐全,得2分;资料不全酌情扣分。		
4.3	维护质量				11			
		功能照明亮灯率	《关于加强城市照明管理促进节约用电工作的意见》建城[2004]204号	现场检查	2	功能照明亮灯率,达到98%及以上,得2分;每降1%(取整),扣0.2分。		

续表

序号	指标	评价内容	评价依据	评价方法	标准分	评分标准	扣分	备注
		景观照明亮灯率	《江苏省城市照明设施优质养护片评分标准》	现场检查	2	景观照明亮灯率，达到90%及以上，得2分；每降1%（取整），扣0.2分。		
		设施完好率		现场检查	2	设施完好率，达到90%及以上，得2分；每降1%（取整），扣0.2分。		
		维护系数	《城市道路照明设标准》、《城市夜景照明设计规范》	现场检查	2	灯具的清洁与维护到位，维护系数保持在0.7以上，符合得2分，不符合要每处扣0.2分。		
		零配件更换		现场检查	2	维护零配件的能效不得低于被更换产品，符合得2分，不符合要每处扣0.2分。		
		照明器材回收利用		资料检查	1	对于大修或更新中替换下来的照明器材，对满足使用条件的合理回收利用，符合得1分，不符合得0分。		
4.4	节能控制				7			
		智能化控制	《关于进一步加强城市照明节电工作的通知》建城函［2005］234号	现场检查与资料检查	3	有效的智能化控制系统，得3分；没有不得分。		
		统一控制		现场检查与资料检查	2	实现功能照明与景观照明的统一控制，得2分；不符合要求不得分。		
		照明时间控制		现场检查与资料检查	2	开关灯时间控制合理得2分；不符合要求不得分。		
4.5	节能成效				5			
		节电率	《"十一五"城市绿色照明工程规划纲要》	资料检查	5	节电率＝1－节电量/理论用电量，计算方法见《江苏省城市照明节能技术指南》；2010年12月31日以前，以2005年为基数，平均年节电率达到5%及以上，得5分；每降1%（取整），扣1分。		

注1：满分为100分，分项分值最低为0分，同一事件不重复扣分。

注2：除注明外，最小扣分值为0.1分。

附录5

《江苏省光污染防治条例》（课题建议稿）

第一章　总　　则

第一条　为了防治环境光污染，保护和改善生活环境，保障人体健康，促进社会和谐，根据《中华人民共和国环境保护法》等法律、行政法规，结合本省实际，制定本条例。

第二条　本条例适用于本省行政区域内环境光污染的防治及其监督管理。本条例所称环境光污染，是指由自然光反射或者不合理人工光照导致的违背人的生理与心理需求或有损于生理与心理健康，带来对生态环境产生负面影响的现象。包括眩光污染、人工白昼、彩光污染以及紫外线污染、红外线污染和视觉污染等。

第三条　县级以上地方人民政府应当将环境光污染防治工作纳入环境保护规划，并采取有利于光环境保护的经济、技术政策和措施。

第四条　县级以上地方人民政府及其有关部门组织编制交通、城乡建设等专项规划时，应当充分考虑光环境质量的要求，合理规划各类功能区域和交通干线走向，并依法进行环境影响评价，向审批该专项规划的机关提交环境影响报告书。

第五条　县级以上地方人民政府环境保护行政主管部门（以下简称环境保护行政主管部门）对本辖区内的环境光污染防治实施统一监督管理，督促、指导、协调其他依法行使环境光污染监督管理权的部门、机构的环境光污染防治监督管理工作，具体负责各行业光污染防治的监督管理。

工商、建设、文化等行政主管部门和镇人民政府及街道办事处根据各自职责，依法协助环境保护等部门对环境光声污染防治实施监督管理。

第六条　业主可以在业主公约中约定本物业管理区域内环境光污染防治的权利和义务，由全体业主共同遵守。

物业管理组织对本物业管理区域内违反环境光污染防治法律、法规规定和业主公约约定的行为，应当予以制止，并及时向依法行使环境光污染监督管理权的部门、机构报告。

第七条　环境保护行政主管部门和其他依法行使环境光污染监督管理权的部门、机构，应当设置环境光污染举报电话、电子邮箱，并向社会公布。

对造成环境噪声污染的行为，任何单位和个人都有权向环境保护行政主管部门或者其他依法行使环境噪声监督管理权的部门、机构举报和投诉。接到举报、投诉的部门、机构应当在三个工作日内处理或者移交有权部门、机构处理；需要及时处理的，应当立即处理或者立即移交有权部门、机构处理。

人民政府或者有关部门应当为举报人保守秘密。

在防治环境光污染、保护和改善光环境方面成绩显著的单位和个人，各级人民政府或者有关部门应当给予奖励。

第二章 环境光污染防治监督管理

第八条 环境保护行政主管部门应当会同有关部门制定环境光污染防治规划，报本级人民政府批准。进行城镇开发建设活动应当符合环境光污染防治规划。

第九条 省人民政府对国家环境光污染相关标准中未作规定的项目，可以制定地方环境光排放标准。地方环境光排放标准由省环境保护行政主管部门组织制订，省质量技术监督部门负责编号，报省人民政府批准后向社会公布，并报国务院环境保护行政主管部门备案。

第十条 环境保护行政主管部门应当对区域光环境质量和重点光污染源定期进行监测，并将监测结果向社会公布。

环境保护行政主管部门应当会同有关部门，逐步在城市市区主要交通要道、商业区和人口集中区域合理设置光污染自动监测和显示设施，加强环境光污染监控。光污染自动监测和显示设施设置、运行、维护的费用由本级财政部门安排。

用于光污染监测的计量器具，应当按照国家规定经强制检定合格。

第十一条 新建、改建或者扩建建设项目，可能产生环境光污染的，应当依法进行环境影响评价。

按照国家规定实行审批制的建设项目，建设单位应当在报送可行性研究报告前完成环境影响评价文件报批手续；实行核准制的建设项目，建设单位应当在提交项目申请报告前完成环境影响评价文件报批手续。建设单位在报送可行性研究报告、提交项目申请报告时，未附送环境影响评价文件审批意见的，负责建设项目审批、核准的部门不得准许其建设，建设单位不得开工建设。

按照国家规定实行备案制的建设项目，建设单位应当在办理备案手续后、项目开工前完成环境影响评价文件报批手续；其中，需要办理营业执照的，建设单位应当在办理营业执照前报批环境影响评价文件。

第十二条 建设可能产生环境光污染的项目或者设施，严重影响所在地居民生活环境质量的，建设单位在报批环境影响评价文件前，应当征求有关利害关系人、专家的意见，并在报批的环境影响评价文件中附具对有关利害关系人、专家的意见采纳或者不采纳的说明。未依法征求有关利害关系人、专家的意见，或者虽然依法征求了有关利害关系人、专家的意见，但存在重大意见分歧的，环境保护行政主管部门在审查环境影响评价文件时，可以举行听证会，征求项目所在地有关利害关系人的意见。利害关系人申请听证的，环境保护行政主管部门应当依法组织听证。

第十三条 对于在城市市区范围内造成严重环境光污染的企业事业单位、个体工商户，由县级以上地方人民政府或者其授权的环境保护行政主管部门责令限期治理。

第三章 环境光污染污染防治

第十四条 有关部门应当在城市社会服务功能上进行统一规划。公共服务设施的设置应当符合环境光污染防治规划的要求，避免环境光污染对居民的污染和干扰。

第十五条 新建居住组团和住宅楼内不得建设或者使用可能产生环境光污染的设施、设备。

第十六条 反光材料应当合理安装，符合安装规范，不得对相邻各方造成环境光污染。

已经安装使用的反光材料设备对相邻方造成环境光污染的，应当停止使用、重新安装或者采取遮蔽等措施，消除光污染。新建建筑物在建筑设计时应当合理安排反光材料的安装。

建筑物照明工程应当合理选择照度标准、照明方式、控制方式并充分利用自然光，选用节能型产品，降低照明电耗，提高照明质量。居住建筑的公共走廊、楼梯内等部位，应当安装使用节能灯具。

第十七条 在居住区及其附近街道、广场、公园等区域，二十二时至次日六时期间不得进行产生环境光污染、影响周边居民正常休息的体育锻炼、娱乐等活动。在其他时间进行集会、体育锻炼、娱乐、促销等活动，使用器材所产生的光照不得超过区域照明相关标准。

第十八条 营业性文化娱乐场所、体育场（馆）、集贸市场、餐饮业的经营者应当采取有效措施，使边界照明设施不超过规定的照明标准。

第十九条 在城市市区建筑物集中区域内，禁止在二十二时至次日六时期间进行产生环境光污染的建筑施工作业，但抢修、抢险作业和因生产工艺上要求或者特殊需要必须连续作业的除外。

第二十条 在城市市区建筑物集中区域内，禁止从事下列工业生产活动：

（一）电焊；

（二）电弧；

（三）其他严重干扰居民正常休息的工业生产活动。

第二十一条 规划部门在确定城市建设布局时，应当依据国家光环境质量标准和规范，合理划定建筑物与公路、城市道路、铁路、地铁、城市高架桥和轻轨道路等交通干线的适度照明，并提出相应的规划设计要求。

前款所称适度照明，按照国家规定执行；国家尚未作出规定的，省环境保护行政主管部门、省建设行政主管部门应当研究确定，报省人民政府批准后颁布实施。

第二十二条 房地产开发经营者应当在销售前款所指住宅前向购房者公布住宅区内可能发生的环境光污染情况，并对可能受环境光污染的住宅，采取安装等减轻光污染影响的措施。

第二十三条 在下列区域内禁止建设产生严重光污染的设施：

（一）居住区和其他人口密集区；

（二）医院、疗养院、学校、图书馆、幼儿园、老年公寓、机关、科研单位所在的区域；

（三）风景名胜区、自然保护区、野生动植物保护区；

（四）城市人民政府确定的其他重点保护区域。

第二十四条 禁止生产、销售、进口不符合国家、行业、地方规定照明标准的产品。

在本省行政区域内销售产生光污染的产品，其产品说明书和铭牌中应当如实载明产品使用时产生的光污染相关系数。

第四章 法律责任

第二十五条 违反本条例第四条规定，组织编制交通、城乡建设等专项规划时未依法组织进行环境影响评价，或者没有提交环境影响报告书而审批机关批准规划的，由其上级行政机关责令改正，对直接负责的主管人员和其他直接责任人员，由上级行政机关或者监察机关依法给予行政处分。

第二十六条 有下列情形之一的，由环境保护行政主管部门按照下列规定予以处罚和处理：

（一）违反本条例第十五条规定，在新建居住组团或者住宅楼内建设或者使用产生环境光污染的设施、设备的，责令停止使用；拒不停止使用或者再次使用的，可以封存或者责令拆除产生环境光污染的设施，并可处二百元以上二千元以下罚款；

（二）违反本条例第十九条规定，未取得证明擅自在连续进行产生环境光污染的施工作业，或者不遵守作业时限规定的，责令立即停止施工，可以处三千元以上三万元以下罚款；拒不停止施工或者再次施工的，可以封存产生环境光污染的设施或者设备；

（三）违反本条例第二十条规定，在城市市区建筑物集中区域内，从事本条例禁止的活动的，责令限期改正；逾期不改正的，可以封存或者责令拆除产生环境光污染的设施或者设备，并可处五百元以上五千元以下罚款。

前款规定的封存期限，不得超过三日。

第二十七条 有下列情形之一的，由公安机关责令改正，并给予警告；警告后不改正的，处二百元以上五百元以下罚款：

（一）违反本条例第十七条规定，在居住区及其附近街道、广场、公园等区域进行集会、体育锻炼、娱乐、促销等活动，所产生的环境光超过相应的区域照明标准，或者在禁止期间内进行产生环境光污染影响周边居民正常休息的体育锻炼、娱乐等活动的；

（二）违反本条例第十八条规定，从事营业性活动的场所在室外安装、使用产生光污染霓虹灯等设备的。

第二十八条 违反本条例其他规定的，由环境保护行政主管部门或者其他依法行使照明监督管理权的部门、机构依照有关法律、法规的规定给予行政处罚。

实行行政处罚权相对集中的地区，有关部门环境光污染防治监督管理的职责按照当地人民政府的规定执行。

第二十九条 拒绝、阻碍依法行使照明监督管理权的部门、机构的工作人员依法执行公务，构成违反治安管理行为的，由公安机关依法给予治安管理行政处罚；构成犯罪的，依法追究刑事责任。

第三十条 依法行使照明监督管理权的部门、机构的工作人员滥用职权、玩忽职守、徇私舞弊的，由其所在单位或者上级行政机关给予行政处分；构成犯罪的，依法追究刑事责任。

第五章 附 则

第三十一条 本条例中城市居住区、居住小区、居住组团的含义，从国家城市居住区规划设计规范的规定。

第三十二条 本条例自20××年×月×日起施行。

附录 6

《光污染控制管理条例》（课题建议稿）

第一章　总　　则

第一条　为控制环境光污染，保护和改善生活环境，保障人体健康，促进经济和社会发展，制定本条例。

第二条　本条例所称环境光污染，即超过国家有关部门或国家认可的行业组织所规定的有关光照强度、时间、色差等技术标准，排放（光源）或引起（反射、折射或因建筑物高低不一互相遮挡引起的光照妨害）明显不恰当的光辐射，危害人体健康，妨碍人们学习、工作、生活和其他正常生活；破坏城市及自然生态环境的某种既有状态或积极行为。

第三条　本条例适用于中华人民共和国领域内环境光污染的控制。

因从事本职生产、经营工作受到光污染危害的防治，不适用本条例。

第四条　国务院和地方各级人民政府应当将环境光污染防治工作纳入环境保护规划，并采取有利于光环境保护的经济、技术政策和措施。

第五条　地方各级人民政府在制定城乡建设规划时，应当充分考虑建设项目和区域开发、改造所产生的光辐射对周围生活环境的影响，统筹规划，合理安排功能区和建设布局，防止或者减轻环境光污染。

第六条　国务院环境保护行政主管部门对全国环境光污染防治实施统一监督管理。

县级以上地方人民政府环境保护行政主管部门对本行政区域内的环境光污染防治实施统一监督管理。

各级主管部门和港务监督机构，根据各自的职责，对昼间和夜间室外光污染防治实施监督管理。

第七条　任何单位和个人都有保护光环境的义务，并有权对造成环境光污染的单位和个人进行检举和控告。

第八条　国家鼓励、支持环境光污染防治的科学研究、技术开发，推广先进的防治技术和普及防治环境光污染的科学知识。

第九条　对在环境光污染防治方面成绩显著的单位和个人，由人民政府给予奖励。

第二章　环境光污染防治的监督管理

第十条　国务院环境保护行政主管部门分别不同的功能区制定国家光环境质量标准。

县级以上地方人民政府根据国家光环境质量标准，划定本行政区域内各类光环境质量标准的适用区域，并进行管理。

第十一条　国务院环境保护行政主管部门根据国家光环境质量标准和国家经济、技术条件，制定国家环境照明标准。

第十二条 城市规划部门在确定建设布局时，应当依据国家照明设计规范，合理划定建筑物与交通干线的防光辐射距离，并提出相应的规划设计要求。

第十三条 建设项目可能产生环境光污染的，建设单位必须提出环境影响报告书，规定环境光污染的防治措施，并按照国家规定的程序报环境保护行政主管部门批准。

环境影响报告书中，应当有该建设项目所在地单位和居民的意见。

第十四条 建设项目的环境光污染防治设施必须与主体工程同时设计、同时施工、同时投产使用。

建设项目在投入生产或者使用之前，其环境光污染防治设施必须经原审批环境影响报告书的环境保护行政主管部门验收；达不到国家规定要求的，该建设项目不得投入生产或者使用。

第十五条 产生环境光污染的单位，必须保持防治环境光污染的设施的正常使用；拆除或者闲置环境光污染防治设施的，必须事先报经所在地的县级以上地方人民政府环境保护行政主管部门批准。

第十六条 对于在光敏感人或物集中区域内造成严重环境光污染的单位，限期治理。

被限期治理的单位必须按期完成治理任务。限期治理由县级以上人民政府按照国务院规定的权限决定。

对小型单位的限期治理，可以由县级以上人民政府在国务院规定的权限内授权其环境保护行政主管部门决定。

第十七条 国家对环境光污染非常严重的落后并无防护措施的设备实行淘汰制度。

国务院经济综合主管部门应当会同国务院有关部门公布限期禁止生产、禁止销售、禁止进口的环境光污染严重的设备名录。

生产者、销售者或者进口者必须在国务院经济综合主管部门会同国务院有关部门规定的期限内分别停止生产、销售或者进口列入前款规定的名录中的设备。

第十八条 国务院环境保护行政主管部门应当建立环境光辐射监测制度，制定监测规范，并会同有关部门组织监测网络。

光环境监测机构应当按照国务院环境保护行政主管部门的规定报送环境光辐射监测结果。

第十九条 县级以上人民政府环境保护行政主管部门和其他环境光污染防治工作的监督管理部门、机构，有权依据各自的职责对管辖范围内排放环境光的单位进行现场检查。被检查的单位必须如实反映情况，并提供必要的资料。检查部门、机构应当为被检查的单位保守技术秘密和业务秘密。

检查人员进行现场检查，应当出示证件。

第三章　昼间光污染防治

第二十条 本法所称昼间光污染，是指在昼间的各类区域的室外使用固定的设备时辐射的影响周围生活环境的光、室外建筑反光材料的反射光以及因建筑物高低不一互相遮挡引起的光照妨碍。

第二十一条 在昼间的城市范围内向周围生活环境辐射光污染的，以及室内自身和向室外相邻环境的辐射，应当加强防护设施并予以监督。

第二十二条 在昼间因使用固定的设备可能造成环境光污染的单位或个人，必须在开始使用十五日以前向单位或个人所在地县级以上地方人民政府环境保护行政主管部门申报该使用项目的名称、使用场所和期限、可能产生的环境光辐射情况以及所采取的环境光污染防治措施的情况。

造成环境光污染的设备的种类、数量、照度和防护设施有重大改变的，必须及时申报，并采取应有的防治措施。

第二十三条 昼间产生环境光污染的单位，应当采取有效防护措施，减轻光对周围生活环境的辐射影响。

第二十四条 国务院有关主管部门对昼间可能产生环境光污染的照明设备及材料，应当根据光环境保护的要求和国家的经济、技术条件，逐步在依法制定的产品的国家标准、行业标准中规定光的度量值。

前款规定的照明设备及材料使用时发出的光的度量值，应当在有关技术文件中予以注明。

第四章 夜间光污染防治

第二十五条 本条例所称夜间光污染，是指在夜间的各类区的室外产生的干扰周围生活环境的光。

第二十六条 在夜间的城市市区范围室外光源向周围生活环境辐射光的，应当符合国家规定的光环境标准。

第二十七条 在夜间的城市市区范围内，各类区内任何单位或个人使用照明设备，可能产生环境光污染的，使用单位或个人必须在开始使用十五日以前向单位所在地县级以上地方人民政府环境保护行政主管部门申报该照明项目的名称、使用场所和期限、可能产生的环境光照度以及所采取的环境光污染防治措施的情况。

第二十八条 在城市市区的避光区内，禁止夜间进行产生环境光污染的夜间作业，但抢修、抢险作业和因生产工艺上要求或者特殊需要必须连续作业的除外。

因商业经营活动中使用固定设备造成环境光污染的单位，必须按照国务院环境保护行政主管部门的规定，向所在地的县级以上地方人民政府环境保护行政主管部门申报拥有的造成环境光污染的设备的状况和防治环境光污染的设施的情况。

因特殊需要必须连续作业的，必须有县级以上人民政府或者其有关主管部门的证明。

前款规定的夜间作业，必须公告附近居民。

第二十九条 在夜间的交通干线上，两侧照明应符合国家规定的照明标准，应及时淘汰损坏和照明不正常的设备。任何单位和个人不得私自安装道路照明设施，必须向所在地有关管理部门提出申请，经书面允许后方可。

第三十条 夜间行驶的机动车辆上的照明不得超过国家规定的光的度量限值。

公安机关应当把机动车辆照明列入车辆年检内容，未经光检测合格的车辆，公安机关不予核发年检合格证。

机动车辆在城市市区范围内行驶，机动船舶在城市市区的内河航道航行，必须按照规定使用照明装置。

警车、消防车、工程抢险车、救护车等特种车安装、使用警报灯，必须符合国家规定;在执行非紧急任务时禁止夜间使用警报灯。

第三十一条 禁止任何单位、个人在城市市区各类区域内使用高强度照明设施。

在城市市区街道、广场、公园等公共场所组织娱乐、集会等活动,使用照明器材可能产生干扰周围生活环境的严重光污染的,必须遵守当地公安机关的规定。

第三十二条 禁止在商业经营活动中使用高强度照明设施或者采用其他发出强光照的方法招揽顾客。

第三十三条 营业性文化娱乐场所的照明设施照度必须符合国家规定的光环境度量标准;不符合国家规定的光环境辐射标准的,文化行政主管部门不得核发文化经营许可证,工商行政管理部门不得核发营业执照。

在商业经营活动中使用霓虹灯、广告灯箱(牌)等可能产生环境光污染的设备、设施的,其经营管理者应当采取措施,使其照度不超过国家规定的光环境辐射标准。

第三十四条 使用家用电器、灯具或者进行其他家庭室内娱乐活动时,应当控制亮度或者采取其他有效措施,避免对周围居民造成环境光污染。

在已竣工交付使用的住宅楼进行室内装修活动,应当限制作业时间,并采取其他有效措施,以减轻、避免对周围居民造成环境光污染。

第五章 法律责任

第三十五条 违反本条例第十四条的规定,建设项目中需要配套建设的环境光污染防治设施没有建成或者没有达到国家规定的要求,擅自投入生产或者使用的,由批准该建设项目的环境影响报告书的环境保护行政主管部门责令停止生产或者使用,可以并处罚款。

第三十六条 违反本条例规定,拒报或者谎报规定的环境光排放申报事项的,县级以上地方人民政府环境保护行政主管部门可以根据不同情节,给予警告或者处以罚款。

第三十七条 违反本条例第十五条的规定,未经环境保护行政主管部门批准,擅自拆除或者闲置环境光污染防治设施,致使光辐射超过规定标准的,由县级以上地方人民政府环境保护行政主管部门责令改正,并处罚款。

第三十八条 违反本条例第十七条的规定,生产、销售、进口禁止生产、销售、进口的设备的,由县级以上人民政府经济综合主管部门责令改正;情节严重的,由县级以上人民政府经济综合主管部门提出意见,报请同级人民政府按照国务院规定的权限责令停业、关闭。

第三十九条 辐射光污染的单位违反本条例第十八条的规定,拒绝环境保护行政主管部门或者其他依照本法规定行使光环境监督管理权的部门、机构现场检查或者在被检查时弄虚作假的,环境保护行政主管部门或者其他依照本法规定行使光环境监督管理权的监督管理部门、机构可以根据不同情节,给予警告或者处以罚款。

第四十条 任何单位违反本条例第二十八条第一款的规定,在城市市区各类区域内,夜间进行禁止进行的产生环境光污染的作业的,由单位所在地县级以上地方人民政府环境保护行政主管部门责令改正,可以并处罚款。

第四十一条 违反本条例第三十条的规定,机动车辆不按照规定使用强光照明装置的,由当地公安机关根据不同情节给予警告或者处以罚款。

机动船舶有前款违法行为的,由港务监督机构根据不同情节给予警告或者处以罚款。

第四十二条 违反本条例规定，有下列行为之一的，由公安机关给予警告，可以并处罚款：

(一)在城市市区内昼间及夜间使用强烈照明设施的；

(二)违反当地公安机关的规定，在城市市区街道、广场、公园等公共场所组织娱乐、集会等活动，使用照明器材，产生干扰周围生活环境的强烈光辐射的；

(三)未按本条例第三十四条规定采取措施，从家庭室内辐射出严重干扰周围居民生活的环境的光。

第四十三条 违反本条例第三十三条第一款的规定，造成环境光污染的，由公安机关责令改正，可以并处罚款。

第四十四条 违反本条例第三十二条的规定，造成环境光污染的，由县级以上地方人民政府环境保护行政主管部门责令改正，可以并处罚款。

省级以上人民政府依法决定由县级以上地方人民政府环境保护行政主管部门行使前款规定的行政处罚权的，从其决定。

第四十五条 受到环境光污染危害的单位和个人，有权要求加害人排除危害；造成损失的，依法赔偿损失。

赔偿责任和赔偿金额的纠纷，可以根据当事人的请求，由环境保护行政主管部门或者其他环境光污染防治工作的监督管理部门、机构调解处理；调解不成的，当事人可以向人民法院起诉。当事人也可以直接向人民法院起诉。

第四十六条 环境光污染防治监督管理人员滥用职权、玩忽职守、徇私舞弊的，由其所在单位或者上级主管机关给予行政处分；构成犯罪的，依法追究刑事责任。

第六章 附 则

第四十七条 本法中下列用语的含义是：

(一)“光辐射”是指光源向周围生活环境辐射光。

(二)“光反射”是指室外建筑反光材料在一定的条件下向周围环境反射光。

(三)“避光区”是指无光区及暗光区。

(四)“夜间”是指晚二十点至晨六点之间的期间。

(五)“机动车辆”是指汽车和摩托车。

第四十八条 本法自×年×月×日起施行。

附录 7
发表的相关论文和参加相关科研课题列表

(一) 有关论文

1《道路交通照明与光污染防治》《灯与照明》2005 年 3 期

2《光环境功能区域划分及管理初探》《环境与可持续发展》2006 年第 4 期

3《城镇规划、建设中的光环境问题》《昆明理工大学学报》2006 年 3 期

4《绿色照明的再认识》《绿色照明技术与城市夜景及 2008 工程建设科技研讨会专题报告文集》

5《绿色照明的科技和文化内涵》《灯与照明》2007 年 1 期

6《Investigation about Indoor Light Environment of three Schools in Suzhou》《CIE26 会议文集》2007.7

7《有关护眼灯的调查》《海峡两岸第十四届照明科技与营销研讨会》2007 年 11 月

8《高校室内光环境调查与评价》《2007 环境与健康研讨会》2007 年 11 月

9《吴江市黎里镇室外光环境现状调查》《灯与照明》2007 年 12 月

10《苏州市区夜间光污染现状调查》《环境监测管理与技术》2008 年 4 月

11《滁州市区夜晚光环境调查》《环境科学与技术》2008 年 6 月

12《泰州城市道路照明状况的调查分析》《灯与照明》2008 年 6 月

13《江阴市区住宅小区光环境调查与评价》《中国环境监测》2008 年 8 月

14《和谐城市化发展与光环境管理创新》《首届江苏九三论坛》2008 年 10 月

15《苏州政府关于绿色照明的鼓励政策及其落实》《中日韩首届照明科技论坛》2008 年 10 月

16《昆山市巴城镇室外光环境现状调查》《环境保护与管理》2008 年 12 月

17《苏州中学教室内部光环境质量调查与评价》《苏州科技学院学报》(自然科学版) 2009 年 6 月

18《苏州市浒墅关镇光环境调查与评价》《照明》2009 年第 6 期

19《连云港市青口镇光环境调查与评价》《安全与环境工程》2009 年 11 月

20《郑州市居住区夜间光环境调查与评价》《灯与照明》2010 年 3 月

21《光环境意识问卷调查》《环境科学与管理》2010 年 3 月

22《无锡中心城区光环境现状调查与评价》《环境保护科学》2010 年 6 月

23《某大学图书馆室内光环境调查》《环境与健康杂志》2010 年 6 月

24《苏州古城区夜间光环境现状分析》《中国环境监测》(待刊)

25《苏州高新区夜间光环境现状分析》《环境科学与管理》(待刊)

(陈亢利等)

1《利用公共电讯系统实现路灯“三遥”控制》《道路照明》2000 年 2 月

2《现代灯光辉映下的千年古城：谈苏州市城市照明建设》《2006中国道路照明论坛论文集》

3《浅谈苏州市城市照明建设》《光源与照明》2006年9月

4《高效光源在道路及景观照明中的应用》《中国市政工程》2006年10月

5《浅谈苏州城市照明工程设计思路》《城市照明》2006年12月

6《道路照明节能技术探讨》《南京市政》2007年1月

7《景观照明设计需注意的若干问题》《城市照明》2007年3月

8《苏州城市照明的规划、建设与管理》《2007中国道路照明论坛论文集》

9《苏州山塘河景观照明工程的设计与施工》《2007中国道路照明论坛论文集》

10《中英城市照明比较》《2008中国道路照明论坛论文集》

11《LED在城市照明应用中的现状与展望》《2008中国道路照明论坛论文集》

12《大功率LED路灯现状》《城市照明》2009年9月

（叶峰等）

（二）有关课题

1 建设部《城镇规划、建设中的光环境管理》（05-R3-10）

2 江苏省环境科学与工程重点实验室《光环境质量评价与管理研究》（ZD051203）

3 江苏省建设厅《江苏省城市绿色照明节能评价体系研究》（200805120001）

（三）调研报告

中科协调研宣传部2007～2008年度咨询研究项目《城市照明发展方向与节能降耗问题研究》

参考文献

[1] 李奇峰，肖辉，俞丽华，杨公侠．关于光污染［J］. 照明工程学报，2003，14（2）：28-3.

[2] 国家标准化管理委员会．GB/T 5699—85 采光测量方法［S］. 北京：中国标准出版社，1985.12.5.

[3] 国家质量监督检验检疫总局，国家标准化管理委员会．GB/T 5700—2008 照明测量方法［S］. 2008.7.16.

[4] 国家标准局．GB/T 5700—85 室内照明测量方法［S］. 北京：中国标准出版社，1985.12.5.

[5] 中华人民共和国卫生部．GB 7793—87 中小学校教室采光和照明卫生标准［S］. 北京：中国标准出版社，1987.5.12.

[6] 中华人民共和国建设部，中华人民共和国国家质量监督检验检疫总局．GB 50034—2004 建筑照明设计标准［S］. 北京：中国建筑工业出版社，2004.6.18.

[7] 建设部住宅产业化促进中心．居住区环境景观设计导则（2006 版）［S］. 北京：中国建筑工业出版社，2006.

[8] 中华人民共和国建设部．CJJ 45—2006 城市道路照明设计标准［S］. 北京：中国建筑工业出版社，2006.12.

[9] 肖辉乾．CIE 制订限制光污染标准的背景和依据［J］. 照明与技术管理，2006，（3）.

[10] 上海市质量技术监督局．DB31/T 316 上海市城市环境（装饰）照明规范．上海，2004.

[11] 中华人民共和国建设部．节约能源——城市绿色照明示范工程［S］. 2004.6.14.

[12] 中华人民共和国住房和城乡建设部．JGJ/T 163—2008 城市夜景照明设计规范. 2008.11.

[13] 建设部住宅产业化促进中心．全国绿色生态住宅小区建设要点与技术导则（试行）［S］. 2001.5.27.

[14] 中国环境科学学会．环保型人居工程评估导则（试行），2004.

[15] 中华人民共和国建设部，中华人民共和国国家质量监督检验检疫总局．GB 50368—2005 住宅建筑规范［S］. 北京：中国建筑工业出版社，2005.11.30.

[16] 中华人民共和国建设部，中华人民共和国国家质量监督检验检疫总局．GB/T 50033—2001 建筑采光设计标准［S］. 北京：中国建筑工业出版社，2001.7.31.

[17] 国家住宅与居住环境工程中心．健康住宅建设技术要点，2004.7.5.

[18] 中华人民共和国国家计划委员会．GBJ 99—86 中小学校建筑设计规范［S］. 北京：中国标准出版社，1986.12.25.

[19] 《室内工作照明标准（草案）》.

[20] 李积权．城市人居光环境与光污染防治——基于建筑表皮技术的城市光污染防治．福建工程学院学报，2007.12，5（6）：625-629.

[21] http：//blog.alighting.cn/1285/archive/2007/11/26/8106.aspx.

[22] 魏文信．城市室外照明灯光环境．2005 国际照明技术新进展学术论坛，2005.

[23] 李振福．城市光污染研究．工业安全与环保，2002，28（10）：23～25.

[24] 张秀欣，张现周，陈丽．中小城市夜间光环境现状分析［J］. 平顶山工学院学报，2004，13（4）：5-7.

[25] 马剑．景观泛光照明质量与环境的几个问题．照明工程学报，8（4）：48～56.

[26] 荣浩磊．城市照明专项规划方法探索．城市环境设计，2008，(3)：110-112.

[27] 苏州市市政公用局．苏州市城市照明专项规划［Z］.2008.

[28] 李农．“光文化”融入城市夜景建设——访北京工业大学城市照明规划设计研究［J］. 中华建筑报，总第1471期．

[29] 范世福．论城市照明的“光文化”发展方向［J］. 照明工程学报，2004，15（3）：37-40.